《客家文化丛书》编委会名单

岭南文化书系
客家文化丛书

客家饮食

宋德剑　罗　鑫　著

暨南大学出版社
JINAN UNIVERSITY PRESS
中国·广州

图书在版编目（CIP）数据

客家饮食/宋德剑，罗鑫著．—广州：暨南大学出版社，2015.7（2020.1重印）
（岭南文化书系·客家文化丛书）
ISBN 978-7-5668-1530-9

Ⅰ.①客… Ⅱ.①宋…②罗… Ⅲ.①客家人—饮食—文化—介绍—中国 Ⅳ.①TS971

中国版本图书馆 CIP 数据核字(2015)第 153603 号

客家饮食
KEJIA YINSHI
著　者：宋德剑　罗　鑫

出 版 人：徐义雄
责任编辑：周明恩　黄　球
责任校对：华文杰
责任印制：汤慧君　周一丹

出版发行：暨南大学出版社（510630）
电　　话：总编室（8620）85221601
　　　　　营销部（8620）85225284　85228291　85228292（邮购）
传　　真：（8620）85221583（办公室）　85223774（营销部）
网　　址：http：//www.jnupress.com
排　　版：广州市天河星辰文化发展部照排中心
印　　刷：深圳市新联美术印刷有限公司
开　　本：787mm×1092mm　1/16
印　　张：10.875
字　　数：174 千
版　　次：2015 年 7 月第 1 版
印　　次：2020 年 1 月第 2 次
定　　价：65.00 元

岭南文化书系·前言

五岭以南，素称岭南，岭南文化即岭南地区的人民千百年来形成的具有鲜明特色和绵长传统的地域文化，是中华文化的重要组成部分。由于偏处一隅，岭南文化在秦汉以前基本上处于自我发展的阶段，秦汉以后与中原文化的交流日益频繁。明清以至近代，域外文化不断传入，西学东渐，岭南已经成为传播和弘扬东西方文明的开路先锋，涌现出了如陈白沙、梁廷枏、黄遵宪、康有为、梁启超、孙中山等一大批时代的佼佼者。在 20 世纪 70 年代末开始的改革开放的浪潮中，岭南再一次成为试验田和桥头堡，在全国独领风骚。

在漫长的发展过程中，岭南文化形成了兼容、务实、开放、创新等诸多特征，为古老的中华文化的丰富和重构提供了多样态的个性元素和充沛的生命能量。就地域而言，岭南文化大体分为广东文化、桂系文化、海南文化三大板块，而以属于广东文化的广府文化、潮汕文化、客家文化为核心和主体。为了响应广东省委、省政府建设文化大省的号召，总结岭南文化的优良传统，促进岭南文化研究和传播的繁荣，在广东省委宣传部的指导和大力支持下，暨南大学出版社组织省内高等院校和科研机构的专家学者编写了这套《岭南文化书系》，该书系由《广府文化丛书》、《潮汕文化丛书》及《客家文化丛书》三大丛书共 30 种读本组成，历史胜迹、民居建筑、地方先贤、方言词曲、工艺美术、饮食风尚无所不有，试图从地域分类的角度完整展现岭南文化的风貌和精髓。在编写过程中，我们力图做到阐述对象的个性与共性相统一，学术性与通俗性相结合，图文并茂，雅俗共赏。我

们希望这30种图书能够成为介绍和宣传岭南文化的名片，为岭南经济和文化建设的再次腾飞提供可资借鉴的精神资源。

需要说明的是，本书系曾获批为2009年度“广东省文化产业发展专项资金”资助项目，在项目申报和丛书编写过程中，广东省委宣传部的领导多次给予指导，并提出了许多宝贵的意见；中山大学、华南理工大学、华南师范大学、广州大学、韩山师范学院、佛山科学技术学院、韶关学院、嘉应学院以及暨南大学的有关领导和专家学者也给予了大力支持和帮助，在此我们一并致以诚挚的谢意！

《岭南文化书系》编委会

2011年6月18日

客家文化丛书·序

在岭南三大民系中，“客家”被称为汉民族中的“吉普赛”。晚清诗人黄遵宪对此曾作过诗意表达：“筚路桃弧辗转迁，南来远过一千年。”在岭南，相对于位居邻海平原的潮汕民系、坐拥肥沃三角洲的广府民系，客家民系就没那么得天独厚了，它们大都盘踞在山区丘陵乃至层峦叠嶂之中，所谓“逢山必有客，无客不住山”。而从民系的历史文化与语言风俗看，客家民系也与它们明显不同。客家学界有“大中华，小客家”的说法，其中强调的是作为民系及其历史和文化的客家与华夏民族及其文明的传承关系。诚如黄遵宪所吟诵的：“方言足证中原韵，礼俗犹存三代前。”

近三十年来，由于各种原因，在中国内地曾经一度沉寂的“客家”不断受到热捧，并涌现出大量的文章著作。但是，由于各自著述的动机与立场不一，加之学风机巧浮躁，致使本来对“客家”有些陌生的外界因此更加模糊。这种情形，一方面说明丛书编撰的重要性与迫切性，另一方面也为我们的工作增加了一定的难度。基于这一背景，为了保证丛书的质量，我们组织了一批不乏高度与视野，同时又对各自负责的选题有一定积累和研究，且能够充分体现嘉应学院在客家研究领域的水平与影响的作者阵容。对于丛书选题的提炼，则在避免每个选题之间简单重复与拼凑的同时，更多地考虑这些选题之间的内在关联及其对客家历史人文整体风貌的不同侧面展示，尽量覆盖客家的语言风俗、文化教育、山水自然、村落民居、饮食习俗、民间文艺、侨人侨商、足球体技等物质文化与非物质文化领域，并注意在内容展

开过程中引带出能够体现客家历史人文内涵的标志性人物、事件和物象。同时，考虑到丛书的阅读对象与传播影响，在编撰风格上，我们力求雅俗共赏，介绍性文字简洁、通俗但不失生动，延展提升性文字具有一定的内涵。

丛书的出版，除了要感谢各选题作者付出的辛勤劳动，嘉应学院科研处、文学院（客家学院）、客家研究院等单位的关心和支持外，还要感谢广东省社会科学界联合会林有能副主席、暨南大学出版社徐义雄社长的理解和信任，特别是出版社史小军总编辑、李艺主任在编撰过程中提出的宝贵意见和建议。

邱国锋　曾令存

2015 年 5 月 30 日于梅州

目　录

导　论

客家，作为主要聚居在中国南方粤闽赣交界山区的汉民族族群，在长期的历史发展进程中，由于特定的人文地理环境，积淀了深厚的文化内涵。

从1808年广东和平人徐旭曾《丰湖杂记》对客家人源流、习俗的记述到客家学的奠基之作——罗香林1933年的《客家研究导论》、1950年的《客家源流考》的问世，一直延续到20世纪80年代，这一时期，研究者关注的主题基本上是客家源流问题。其中原委当然与客家人在民国时期被其他族群指认为“不开化”的少数民族的“污名化”的特殊际遇相关联。

20世纪80年代以来，客家研究重新兴起，学界的研究取向则呈现多元化的发展态势，举凡历史、民俗、方言、信仰等无所不及。但是对其稍加梳理辨析，便不难发现研究者的兴趣更多是在民俗、信仰等“形而上”的层面，原因在于作为“中国传统文化的活化石”的客家文化，保留了相当原生态的中国传统文化，如宗族制度、民间宗教、信仰仪式、庙会祀典等，凡此种种，不失为观照中国历史、文化最为理想的标本，或曰“试验场”。于是那些属于精神层面的客家文化为哲学、历史学、美学、人类学、社会学等诸领域的学者所青睐，便顺理成章了。反之，在客家研究的范域，那些属于物质层面的文化，则淡出了人们的视野，较少人去作深层次的考究，而只是流于文化事项的整理、记录或曰传统的探源式的分析、归纳以及传承创新等诸方面。

“民以食为天。”客家饮食于客家文化事项而言，是最为形象直观之“构件”，能够满足人视觉和味觉上的享受；同时，作为客家地区的个体日常生活元素，客家饮食更是“全息”展示客家文化印象的生

动图景。

客家人在历史发展的长河中，延续了中原文化的饮食特色，又结合当地的气候、地理、风土、人文诸因素，形成了独具特色的饮食文化。概而言之，客家饮食主要包括客家菜肴、特色小吃、果蔬饮品和饮食习俗四大部分。客家菜，在惠州、河源等客家地区又被称为东江菜，酿豆腐、盐焗鸡、梅菜扣肉、开镬肉丸、娘酒等传统的经典菜肴久负盛名，盛传不衰。客家菜的特色主要体现在选材、刀工、烹制方法及风味特点四个方面：选材以家禽家畜和山珍为主；刀工粗犷而质朴，讲究形粗块大；烹制重煮焖，少炸烤；菜色、菜味原汁原味，呈现“咸、肥、香、烧”的风味特点。

笔者作为一个客家文化研究者，主业是研究与传播客家文化，细细数来，发现自己与客家饮食的接触可谓无处不在。生活在梅州，除日常饮食离不开客家风味外，每每有外地的学者、朋友来梅，笔者总是充当导游，在梅州的街市和乡村寻找最具客家特色的文化与美食，来展现自己对这座城市的熟悉和对客家文化的理解程度，“迎合”自己客家研究者的身份。寒来暑往，冬去春来，一晃16年过去了，渐渐发现自己对客家饮食有了一些感悟。

感悟之一：客家饮食内涵丰富，在不同的区域总是能够呈现出自身的“地方”特色，然而这种“地方”特色也是中国传统饮食文化地方化过程的重要积淀，具有深厚的文化渊源。如客家菜的重要烹饪手法“焗”、“酿”造就了客家菜独特的风味、特色，然而细考其由来，却是中国传统饮食文化中重要的烹饪方式，历史悠久，古已有之。

感悟之二：客家地区土瘠民贫，环境封闭，物产匮乏，然而客家地区的食物种类和饮食文化却丰富多彩。表面上看似存在结构上的矛盾，但是对客家饮食的形成发展逻辑法则作深层次的分析、解剖，可以从食物的角度对客家族群的形成发展、生存智慧及心理气质有一个全新的认识。

感悟之三：多姿多彩的客家饮食，不只是从视觉和味觉上给我们呈现出一场饕餮盛宴，更重要的是透过客家人丰富的食物世界，展现出客家族群原始质朴的气质、道法自然的生存理念以及韵味深远的象征意境。

感悟之四：客家饮食植根于农业文明，具有时代和历史的印记。

进入后工业时代和信息时代的21世纪，客家饮食如何迎合现代人的需要，顺流而上，在传承中创新，在创新中传承，而又不失去自身的特色，成为当下的重要课题。

基于以上对客家饮食的认识与感悟，又得缘于广东省委宣传部组织编写“岭南文化书系”的机会，受客家文化丛书编辑委员会的委托，由笔者和罗鑫负责撰写客家饮食部分，《客家饮食》得以问世。

客家发轫于赣南，发展于闽西，最后成熟壮大于以梅州为中心的粤东地区，之后扩散至粤中、粤西及香港、台湾、云南、贵州、四川、陕西等地，近代以来更是远涉重洋，播迁至东南亚、非洲、欧洲和美洲等区域，形成一个遍布五大洲的超越地域的族群。梅州是客家文化形成的终点站和传播海外的始发地，是客家文化成熟形态的代表，被誉为“世界客都”。以梅州为典型的客家文化也是岭南三大文化（客家文化、广府文化、潮汕文化）的重要组成部分，因此本书的选材以梅州为重点，立足广东，辐射福建、江西，兼顾相关客家地区。《客家饮食》一书，乃是基于笔者自己对饮食的理解：饮食不仅是满足口腹所需，还有其所蕴含的文化“表述”。故此，本书旨在通过对经典客家饮食的梳理、叙述，使读者不仅能够认识一个五彩缤纷的客家美食的“物质世界”，更重要的是透过美食背后的“故事”，开启客家饮食的文明之旅，品“味”客家饮食的文化魅力。

一　客味佳肴

古人云："厥出生民，食货唯先。"吃，永远是老百姓日常生活的主题。每天早上出门，客家人互相寒暄的第一句话就是："汝食矣朝无？"（您吃没吃早饭？）如果都还没吃，那么热情好客的客家人一定会邀约对方"共下来去"（一块儿吃去）。

早在17世纪，屈大均就在《广东新语》中自豪地说道："天下所有食货，粤东几尽有之，粤东所有之食货，天下未必尽也。"屈大均的观点虽然有点绝对，但也不无道理。悠久的历史，独特的人文地理环境，加之岭南地区湿热的气候等多种因素，共同孕育了粤东客家丰富多彩、博大精深、自成体系的饮食文化。

一个"食"字，足以说明客家饮食文化的独特之处。在客家人看来，"食"的含义非常广泛：不论是"抽烟"、"喝茶"还是"吃饭"，用客家话说全部是"食"——"食烟"、"食茶"①、"食饭"，甚至连"受气"也说成是"食气"，可见"食"之于客家人是何等的重要。以下所介绍的，是最具客家特色的几道美味"家"肴。

（一）盐焗鸡

焗是客家菜中常见的一种烹饪方法。简言之，将盐渍过的食物（多为肉类）放进密闭的容器中，利用蒸汽熏熟即为盐焗。盐焗食物的风味独特，相信很多读者都不会感到陌生，因为现在市场上盐焗类的包装食品品种繁多，如鸡翅、火腿肠等。但要说最正宗的盐焗料理，还得数客家盐焗鸡，因其为盐焗食品的开山之作，味道鲜美且皮薄肉

---

① 在梅县话中，"食茶"才是喝茶的意思，"饮茶"指的是吃广式早茶，而且这时"饮"要读作"Yam"而不是"Yim"。

多，干香而不油腻。

盐焗鸡（陈航　摄）

盐焗鸡的味道如何首先取决于肉鸡的种类和品质。客家人喜欢盐焗三黄鸡（“三黄”指的是鸡喙、鸡爪以及鸡毛的颜色皆为黄色，据说此种鸡的名称出自明太祖朱元璋），具体步骤是：宰、腌好鸡后，将食盐均匀地涂抹在鸡身上，然后把一只整鸡用纸包住——包鸡的纸较为讲究，上面的一层要用轻薄透气的纱纸，下面几层则用客家地区流行的草纸。用不同种类的纸多层包住的目的是防止鸡身的水分流失和盐的过分渗透，因为鸡本身已经腌过一遍，带有咸味，不宜过咸，否则无法入口。

炒盐是古法制作盐焗鸡尤为重要的一个环节，所炒的盐必须是粒大饱满、没有添加碘的海盐（客家人称之为“粗盐”），其特点是热量高、耐焗。粗盐用中火不断翻炒，直至盐粒由白色变成灰色。最后将用纸包好的鸡放进锅中用小火慢焗。等一个半小时左右，香喷喷的客家盐焗鸡就新鲜出炉了。

盐焗鸡比较传统的吃法是直接用手撕着吃，这样虽然原始，但更让人“手留余香”、回味无穷。据说20世纪40年代，广州地区有一家远近闻名的客家餐馆“宁昌饭店”，其所经营主打、风靡一时的招牌菜正是手撕盐焗鸡。

民间有不少关于盐焗鸡由来的传说，其中一个版本是，清代嘉应州（今梅县）有一个商贩老杨经常到岭南各地买卖货品。有一年年关将近，老杨在广西忙完了生意，置办好了一批年货，准备到朋友开的饭店饱餐一顿后便回家过年。饭店老板也是客家人，与老杨相识已久。这不快过年了，不但免了老杨的酒菜钱，还送给他几只当地最著名的物产三黄鸡作为贺年礼物。受到朋友如此款待的老杨非常高兴，决心一定要把这几只鸡带回广东老家去。可是广西距离梅县山长水远，不可能在两三天之内回到。本来随身行李就多，再带这几只活鸡上路当然不是明智之举。可是这鸡又确实难得，带回去肯定能让全家老少高兴，更何况这是好友的一番心意。思来想去，老杨想出了一个好办法，那就是把鸡宰了，去掉内脏后抹上食盐，一只只用草纸严严实实地包好。这样一来，既省去了带活鸡的麻烦，也可以保证鸡肉在短期内不会轻易变质。于是，说干就干……带着朋友的美好祝福与珍贵的礼物，老杨美滋滋、乐呵呵地踏上了回家的路途。

快回到梅县的时候，老杨一行来到了一个前不挨村、后不着店的地方。天色渐晚，大家走得饥肠辘辘、疲惫不堪。这时，老杨突然想起包袱里还有鸡肉可以享用，便叫随从取出两只就地烤来下酒吃。令人意外的是，经过盐渍的鸡肉熏烤起来竟如此美味！众人莫不边吃边笑，吃得心花怒放，笑得合不拢嘴。吃饱喝足之后，大家心满意足地酣睡了一晚。

隔了几天，老杨一行终于回到了老家。顾家爱妻的他第一件事就是赶紧和老婆孩子分享他在路上无意间“发明”的这道美食。老杨的妻子本来就是个精通厨艺的贤妻良母，一尝，果然被这鸡肉的味道深深吸引。但她并没有停留在对鸡肉的享用上，而是思考如何对它的做法进行改良。终于，在她的不断努力下，有了“客家盐焗鸡”的诞生。当然，有更多的人主张，盐焗鸡是客家先民自中原南下，在长期迁徙之路上发明的美食。不管怎样，盐焗鸡是不折不扣的客家菜，这点是毫无疑问的。

一般而言，现在酒楼饭店提供的盐焗鸡都是一整只撕好端上来的，如果作为旅途解馋的食物则量有点大，也不方便携带。聪明的客家商人很早就考虑到了这点：与其做一整只鸡的生意，为何不专做鸡翅、鸡脚呢？于是乎，20 世纪 90 年代中期以后，真空包装的盐焗食品（主要是鸡爪和鸡翅，其中鸡爪称“凤爪”）如雨后春笋般涌现，成为客家地区的一大特产。

准备真空包装的盐焗鸡翅

（张煊摄于梅州市尚记食品有限公司文保路总店）

现在，生产、制作盐焗鸡的店铺越来越多，最受大众认可、最正宗的几家主要集中在梅州城区。由于生产历史悠久，烹饪方法古朴，客家盐焗鸡已被广东省认定为“省级非物质文化遗产”，而唯一获此殊荣的就是梅州市尚记食品有限公司。

被列为广东省级非物质文化遗产的客家盐焗鸡

（梅州市尚记食品有限公司提供）

（二）酿豆腐

有的地方称客家话为“麻介话”。“麻介”，又写作“脉个”、“乜个”，表示“什么”，而“做脉个”就是“干什么”的意思，这句话因为周杰伦的《双截棍》而一度风靡华语圈。不过，当你不停追问客家人“（做）脉个”的时候，对方有可能会回答：“脉番豆（剥花生）！”这当然是句玩笑话，和普通话“怎么办？”“凉拌！”的对答有异曲同工之妙。反过来，当有客家朋友问您“酿诶？”的时候，您也可以驴唇不对马嘴地回答他：“酿豆腐！”

先稍微解释一下，这里第一个“酿（Ngiong）”是“若何（Yiok Ho）”二字的合音①，意思是“怎么样”，所以这个问题的正确答案应该是“无恙（Mo Ngiong）”；而第二个“酿”字表示一种烹饪方法，由两大基本要素组成，一是“表”，二是“里”，缺一不可。表者为“皮”，但不是面粉皮或米浆皮，凡是中间能挖空的食物，不论荤素（多半是素菜），都可以做成“皮”，如豆腐、豆干、茄子、香菇、竹笋、莲藕甚至田螺、鱼等；里者为馅，馅料往往不是单一品种的肉泥或蔬菜泥，而是包含香菇、虾米、鱿鱼丝、猪肉等丰富材料的“大团圆”，且一般都是事先炒熟或煎炸过的，味道咸香。

简言之，客家菜中所谓的“酿”就是“表里合一”，即把馅料填充至“皮”的挖空部分后进行烹饪，最后出锅、上盘。需要注意的是，酿是“开放”的，即是说，“皮”不能把馅料全部“吞”掉，否则是“包”而不是“酿”。

客家酿菜品种丰富，其中最经典的当然是“酿豆腐”。据说，客家先民刚来到南方的时候，非常思念北方故土，尤其是中原的美食——饺子。怎奈南方不产小麦，饺子皮无从获得。聪明智慧的客家人便就地取材，把豆腐当饺子皮使，往里头植入肉馅，于是便有了“酿豆腐”的诞生。

也有传说认为，酿豆腐是崇尚中庸之道的客家人“让”出来的美食，直到现在仍有不少客家饭店打出“让豆腐”的招牌。旧时，猪肉和豆腐在客家地区都属于贵菜，但在做法上比较单一，从来没有人想

---

① 合音是客语的一种音变现象。例如，客家人习惯在教师、医生的姓氏后面加称“先生”（Sien Sang）以示敬重。这个“先生”一般不会一个字一个字地发音，而是会合起来读作“Siang”。

到过这两样食材可以合在一起来烹制。有一回，“长乐客栈”里来了两位客人，因为其他地方都满座了，他们俩只得到挨近厨房的地方，拼个小桌相向而坐，原本互不相识的两人就这样聊了起来。聊着聊着，有一个人提议道：“兄台，不如我们凑钱点个贵菜解解馋吧！”另一个一听，觉得也是，反正自己身上的钱也不多，就和他搭个台开开荤吧。然而，在点什么贵菜吃的问题上，这两个人却意见不一，一个想吃豆腐，另一个想吃猪肉。

听见争执声的五华厨师此时恰好忙完手头上的活儿，走出来不紧不慢地说道：“两位客官，我倒是有个两全齐美的好办法！只是要你们各让一步，如何？”原来，五华厨师的好办法就是把豆腐切成块状，挖空中间的一小部分，又把几块猪肉捣成碎末状，煎炒后嵌在豆腐中，将两样食材完好地搭配在一起。很快，这个“让豆腐”就在客家地区不胫而走，五华厨师将猪肉植入豆腐的做法也赋予了“让”字新的含义，开创了酿菜的先河。更重要的是，这道菜“让”得既营养又美味，深得食客喜欢，很快就成为饭店的招牌菜。

因为“讓”（“让”的繁体字）与“釀”（“酿”的繁体字）两个字在客语中同音且构造相似，而与饮食相关的一些字又都带“酉”这个部件（如“酒”、“醋”、“酱”等），所以后来部分客家人就把“讓豆腐”改写成“釀豆腐”（“酿豆腐”）。但与此同时，也有人坚持“让豆腐”的写法，提醒世人不忘这道菜背后的典故。

当然，以上故事只是一家之言，真伪如何，既不可考也不必考，作为食客，只管放开肚皮吃便是了。应该说，五华的酿豆腐格外嫩滑爽口，确实是客家酿豆腐的经典之作。现在任意走进一家豆腐店，都不难发现“五华”二字——说明客家人普遍视五华豆腐为正宗。

五华酿豆腐又以华城镇的最有代表性，其选料、制作以及吃法都与众不同：华城酿豆腐通常只用嫩滑的石膏豆腐而不用点卤豆腐；肉料则一定要用猪的前胛肉再配以咸鱼、虾米；吃的时候，要把一块块豆腐用生菜包起来一起吃。当然，其他县市区的客家酿豆腐也都各有其地方特色，哪里的最好吃一定程度上取决于食客的口味与心情。

五华酿豆腐（李焜、陈航摄于梅州生辉餐馆）

传统酿豆腐的做法是，将粒大饱满、色泽光亮的黄豆用清水浸泡透彻后放进石磨里慢慢推磨成浆。豆浆经过滤、煮沸等数道工序后会冷却成型。将豆腐均匀切成块状，或将每一小块斜切成三角形状，用筷子或勺子稍微挖空斜切面中间的部位，植入事先准备好的馅料，或直接拿方形的豆腐块来酿。接下来是煮是煎，就看各人的喜好了。手工打磨出来的豆腐，由于韧性较好，酿起来不容易烂，吃起来格外嫩滑，令人无限回味。

从“豆腐”本身的音义来考证，酿豆腐这道菜反映出不断迁徙的客家族群在与自然社会抗争过程中对美好生活的追求和向往。豆腐的“腐”与“富”谐音（和普通话一样，“腐”字在客语中也是上声，但是在说“豆腐”、“腐竹”的时候客家人很自然地就把它读作去声），所以一般酿豆腐是客家宴席上端上来的第一道菜，尤其是在过年的时候。而且，酿豆腐必须趁热吃，一是因为趁热吃口感最好，二是寓意新的一年能“头富滚滚”。在品味酿豆腐美味的同时，我们不难感受客家人心灵深处建设祥和富裕社会的美好心愿。

客家三酿宝（御信客家王提供）

除酿豆腐外，客家人还喜欢酿苦瓜、酿山药、酿灯笼椒、酿茄子（客语称“酿吊菜”）、酿莲藕等。可以说，只有食客想不到的，没有客家厨师酿不出来的美食。在众多酿菜中，酿苦瓜、酿茄子、酿尖椒合成一道与酿豆腐齐名的酿菜，被称为“客家三酿宝”。

值得一提的是，近年来，酿鱼成为颇具人气的一道新兴酿菜。它看似清蒸鱼肉，实际上鱼肉只是“皮”，里头酿有香菇、鱿鱼、猪肉等丰富可口的馅料，相当美味。

酿鱼（罗鑫　摄）

（三）梅菜扣肉

入山看到藤缠树，出山看到树缠藤。
树死藤生缠到死，藤死树生死也缠。

树与藤（罗鑫摄于梅州客家小镇）

这是一首诗，也是客家人世代传唱的山歌歌词。它用树和藤的关系来隐喻男女之间至死不渝、可歌可泣的伟大爱情。甚至有人认为，这句歌词背后的男女主人公，很有可能就是客家版的梁山伯与祝英台，只是梁祝化蝶，而这对不知名的客家情侣殉情后化为树与藤，生生世世都缠绕在一起，永不分离。

山歌，顾名思义，就是诞生、流行于山区的民间艺术。山歌的出现和流行说明客家人和山有着特殊的感情。历史上，由于定居岭南的时间比较迟，交通便捷、土壤肥沃的平原地带都被先住族群占领了（清光绪《嘉应州志》卷七载：“凡膏腴之地，先为土著占据。”），客家人不得已都往山上转移。山区艰苦的生存环境不仅改变了客家先民的生活，更磨砺了他们的意志，影响甚至哺育了独特的客家饮食文化。客家菜注重“咸”、“肥”、“香”的特点就是山区生存条件的最好反映，因为山区劳动强度非常大，不补充多点能量根本无法生产劳动，而摄取能量最好的办法莫过于大快朵颐。

提到客家肉食，首先要推荐的就是“梅菜扣肉”。因为是客家菜的代表，“梅菜扣肉”打头的“梅”字容易让人联想到世界客都梅州，然而这道菜的出现似乎和惠州的关系更为密切，因为传说“梅菜扣肉”是北宋时期大名鼎鼎的文豪苏东坡贬谪惠州时请厨师仿效江南“东坡肉”发明出来的一道菜。

从外观上看，梅菜扣肉具有形粗、量多的特点。一般而言，扣肉每块至少重一两，有的甚至重达三两。客家人之所以喜欢用梅菜搭配五花肉，是因为在烹制的过程中尤其是在最后入锅蒸的环节，梅菜能很好地吸收掉五花肉的部分油脂，同时其独有的芳香也能很好地渗透到肉里，彼此相得益彰、妙不可言。

梅菜扣肉（大埔县瑞锦酒店提供）

所谓梅菜，就是加工后的冬芥菜。据介绍，梅菜的制作需要经过“三蒸三晒”的过程，即先将芥菜用盐渍，使其水分腌出，然后拿去蒸，蒸好沥干后拿去晾晒，然后再反复蒸、晒。客家人做出来的梅菜具有不寒、不热、不湿、不燥的“四不”特征，素有“正气菜”之美称，意为性味温和，食后不会有燥热、湿寒等不适反应。值得一提的是，梅菜最初的写法是“霉菜”，之所以改成“梅”，和香港人把“吊颈岭”改为“调景岭”，台湾人把“鸡笼”改成“基隆”的原因一样，为的是取个好意头。

至于扣肉，如果把它当成一个名词来理解的话当然就是酱红油亮、绵滑醇香的五花肉（某种程度上说就是“梅菜扣肉”这道菜本身）。但是“扣”原来指的是一个动作，即倒扣——将装在一个碗里的熟肉扣在铺满梅菜的盘子之上。所以“梅菜扣肉”也是“肉扣梅菜”，只不过大家都习惯前一种说法罢了。

随着物质生活的日益丰富，五花肉发展到今天早已不只是梅菜的专属搭配。说得“痞”一点，梅菜“扣”得五花肉，香芋、南瓜、竹笋也可以大大方方地“扣”它。当然，最能和梅菜扣肉媲美的，当属香芋扣肉。据说，最上等的香芋大都产自广西荔浦县，因其芋个大、色白、味香，富含人体必需的各种氨基酸和食物纤维，极具营养价值。

（四）焖狗肉

俗语有云：“狗肉滚三滚，神仙企唔稳。”（焖狗肉的香气恐怕连神仙闻到都会禁不住诱惑，飞下凡间来偷偷吃上一口）我们知道，但凡新鲜的肉类，稍加以佐料烹饪一下，都可以变得香喷喷的，但坊间唯独狗肉可以叫作“香肉”，由此可见中国人对狗肉的偏爱程度。

客家地区的吃狗文化虽不及广东雷州、广西玉林有名，但是客家人，尤其是梅县人也相当爱吃狗肉。步入梅城的大街小巷，你会发现狗肉店鳞次栉比，特别是到了宵夜时间，几乎每家专营狗肉的饭店、摊档都坐满了人，还有不少站在一边等着打包回家的人。

狗肉煮粉

（陈航、李焜摄于梅州葛氏新记狗肉店）

近前一看，食客们吃得正欢的是“狗肉煮粉”，这是梅州城区最有人气的宵夜之一。除放有米粉和狗肉外，还添加了红曲、艾草、姜等丰富的配料，汤料香气浓郁、狗肉皮韧肉绵、米粉光滑爽口，十分诱人。

除了专门的狗肉店外，在客都梅州，一般的酒馆饭庄也有狗肉供应——即便客人不主动要求，店家也会热情推荐，其中最有人气的就是狗肉煲。狗肉煲用砂锅煲制而成，一般有老狗煲与乳狗煲之分。所放汤底、配料各有不同，价格当然也不一样。

狗肉煲（陈航、李焜摄于梅州葛氏新记狗肉店）

由于种种原因，现如今吃狗肉日渐成为一个极具争议性的话题，甚至引发人与人之间的对立与暴力冲突。借此机会，笔者想站在文化人类学的角度，就客家人吃狗肉的问题，作出几点“澄清”。

（1）客家人吃狗肉，是有历史的。

其实，吃狗肉并不是客家人的突发奇想，而是客家人对中原饮食文化的继承与发扬。吃狗肉的风俗在我国可以追溯到原始社会，到了秦汉时期更是盛极一时。张采亮在《中国风俗史》中就说汉朝人“喜食犬，故屠狗之事，豪杰亦为之”，其中最有名的掌故说的是秦朝末年刘邦的大将樊哙在做狗肉贩子时（《汉书·樊哙传》：“哙，沛人也，以屠狗为事。”）发明了一道美味的狗肉菜，曰“沛县狗肉”或“樊哙狗肉”，这道菜至今仍是当地特色美食。唐朝人颜师古在为《汉书·樊哙传》注解时更直言不讳地指出：“时人食狗，亦与羊豕同。”意思是说当时的人吃狗，就像吃羊、吃猪一样普遍。

带“犬”的几个汉字都很好地反映了狗在古人心目中的地位和作用，如“奬”（“奖”的繁体）、“餍”、“獻”（“献”的繁体）。

①无“犬”不成“奖”（奬）。《国语·越语上》云：“生丈夫，二壶酒、一犬；生女子，二壶酒、一豚。”（生男孩子的，官府奖励两

壶酒、一只狗；生女孩子的，官府奖励两壶酒、一头猪）可见，狗不仅是古代政府奖赏给百姓的食物，而且价值要比猪肉高，毕竟当时是男尊女卑思想根深蒂固的时代。

②无“犬”不成“餍”。餍，就是饱食、满足的意思。《孟子·离娄下》曰：“其良人出，则必餍酒肉而后反。”（她的爱人每次外出，都总是在酒足饭饱之后才回家）《战国策·燕策三》载：“非尽天下之地……其意不餍。”（如果不能倾尽天下土地的话……他是不会满足的）可以大胆地猜想，至少在春秋战国时代，人们没有狗肉吃的话是不会觉得真正“满足”的。

③无“犬”不成“献”（獻）。献，就是敬上、奉献的意思。《孟子·梁惠王上》曰：“鸡豚狗彘之畜，无失其时，七十者可以食肉矣。”（对鸡、猪、狗等牲畜，只要不耽误它们繁衍的时机，七十岁的人就有肉可吃了）《战国策·韩策二》亦云：“臣有老母，家贫，客游以为狗屠，可旦夕得甘脆以养亲。”也就是说，在古人看来，狗肉是用来孝敬、奉献给老人享用的一种食物。有学者认为，“獻”字至少表示两层意思：一是用“犬”贡献表示虔敬和孝顺（有趣的是，“虔敬”英文叫“piety”，同时也有孝顺的意思）；二是把“獻”拆开来看，左边“虍”下面的“鬲”代表陶制炊具，意味着用陶器煮狗来吃[①]。又，《说文解字》分析道：“献，宗庙犬，名羹献。犬肥者以献之。”可见，古人敬天时，也常常使用煮熟的肥狗。

总而言之，中国人吃狗已有数千年的历史，客家人不过是继承了古代中原的习俗罢了。而且，除客家地区外，广府、江浙一带，越南乃至朝鲜半岛或多或少也存在吃狗肉的风俗，实在不足为奇。当然，客家人并不是为了继承中原遗风而刻意抓狗来吃，和其他流行犬食文化的地方的人一样，更多的是出于进补、祛暑、御寒等现实因素的考量。随着物质生活的日渐丰富，特别是受西方文化的影响，客家社会吃狗肉的人数有递减的趋势，尤其是年青一代喜欢吃狗肉的越来越少。

（2）客家人吃狗肉，是有原因的。

①狗肉本身具有温补的性质。唐朝的《食疗本草》称：“狗肉补五劳七伤，益阳事，补血脉，厚肠胃，实下焦，填精髓。”五代的

① ［日］周达生著，刘丽川译：《客家的食文化》，《客家学研究》（第二辑），上海：上海人民出版社1990年版，第92页。

《日华子本草》也说："犬肉，暖、无毒，补胃气，壮阳，暖腰膝，补虚劳，益气力。"更有名的《本草纲目》同样对狗肉的药用价值给予充分肯定，称："犬性温暖，能治脾胃虚寒之疾。"

②南方旧时相对恶劣的生存环境所致。过去南方瘴气深重，环境恶劣。有个客语词叫"发瘴鬼"，本意为得瘴疾的人，系詈骂之词。如今随着时代的发展和经济水平的提高，客家地区的瘴疠之气早已不复存在（人烟罕至的深山老林除外），"发瘴鬼"一词的"邪恶程度"也没有那么深了。但这个词也从一个侧面反映出客家地区以前瘴气深重、高温多湿的环境特征（客家大本营的粤闽赣三省交界处属亚热带季风气候区）。在自然条件相对恶劣且又缺医少药的情况下，客家人自然要想方设法地摄取营养、补身养命。所谓"医食同源"，易生易养又有一定药用价值的狗自然就成了人们的盘中餐。

（3）客家人吃狗肉，是有选择的。

①没有人吃宠物狗。客家人所食用的狗，全都是体型中等的本土犬种（即所谓的"土狗"），没有人吃哈巴狗、贵宾犬、吉娃娃、哈士奇、沙皮狗等外来的宠物狗。另一方面，以土狗为宠物的客家人亦不在少数，这些土狗为人"掌屋"、"掌园"（看家护林），主人对它们的感情很深，同样不会把它们宰杀来吃。

②"一黄二乌三花四白"。客家人认为，黄犬肉质最好，"乌狗"（黑犬）次之，花犬第三，白犬稍逊。这个看法也是继承自古人，因为《食疗本草》曰："黄色牡者上，白、黑色者次。"《日华子本草》亦载："犬，黄者大补益，余色微补。"

③客家俗语有云："夏至狗，食矣满山走。"（夏至日吃了狗肉，可以漫山遍野地跑个不停）又，清康熙二年（1663）的《乳源县志》记载称："夏至，啖犬肉，以滋阴气。"清康熙四十八年（1709）的《归善县志》也说："夏至，食犬肉，饮荔枝酒助阳气。"

虽然客家地区现在一年四季市场上都有狗肉供应，但是客家人还是更喜欢在夏天吃狗肉，认为夏至日吃狗肉最补。这一方面是因为客家山区山高水冷，即使是夏季，人们也认为气候寒凉，忌食冰水、冷饮等生冷之物。另一方面，客家人在日常饮食中偏好"烧"，即热熟食：不管是茶、汤还是饭，都要热过了才吃。从传统意义上说，燥热的狗肉恰好满足了这种"烧"的需求，所以客家人认为夏天吃狗肉不但不会燥热、引起身体不适，反而可以大补阳气，正所谓以毒攻毒、“以热制热”，契合客家人的五行相生相克的思想。顺便一提，客家大本营周边的族群一般只在冬季才进食狗肉，如江西人吃狗肉总是在冰天雪地的寒冬季节，吃法是将狗肉剁碎，配上辣椒、姜、葱、蒜，放入油锅中加料酒爆炒。就笔者所知，岭南地区以外像客家人一样喜欢在夏季吃狗的，还有朝鲜半岛的人。

【链接】

吃狗肉残忍吗

在印度，以牛为主要护养对象的“家畜护养院”多达3 000余所，有5个州的法律明令禁止屠牛。因为对印度教徒来说，牛是神物，甚至连母牛的乳汁、尿、粪都是圣洁的。在举行仪式的时候，部分印度人甚至会象征性地喝一点牛尿。而在欧美国家以及今天的中国，牛肉却是平常无奇的食材。至于牛的排泄物，恐怕没有中国人会觉得是干净的吧。

在大部分伊斯兰国家和地区，猪是绝对不可以食用的。对此，笔者还在深圳大学读书的时候就已深有体会。那时因为足球的关系与几个土耳其朋友交往密切，偶尔会带点客家特产，如菊花糕、牛肉干之类的给他们尝尝。我注意到，每次拆封之前他们都会小心翼翼地检查这些新奇的包装食品是否含有猪的成分。对信仰伊斯兰教的土耳其朋友来说，广东乃至中国大部分地区的饮食都是需要时时处处特别留神的。

近年来，随着各个家庭经济水平的提升，特别是受到欧美文化的影响，客家人对狗的感情逐渐产生了微妙的变化。又或者说，狗在客家社会的地位也逐渐得到了提升，从纯粹为人“掌屋”的牲畜、被人享用的美食、詈骂之词到变成家人一般的存在。越来越多的客家人养起了宠物狗，也有越来越多的人开始抵触吃狗肉，因为他们觉得狗忠诚、可爱、有灵性，是人类最好的朋友，觉得吃狗是不人道的、残忍的行为。而同样不吃狗的，生活在与老挝接壤的泰国北部地区的人民却认为：狗是吃屎的、在人面前毫无顾忌地交配、近亲相奸的秽物，吃狗说不上残忍，但狗绝对肮脏、龌龊。又有的社会，非常爱狗，认为把狗吃掉就是爱的最高表现。

其实，某种动物是否可食用，食之是否残忍，完全因地方和文化而异，也存在一定的时代差别。排除文化上的、信仰上的、心理上的、道德上的、感情上的、法律上的因素，但凡无毒、无害且能填饱肚子、提供能量、具有营养的生物，原则上都可视为食物，这是人的动物本能，无可非议。即使是在认为“吃狗 = 不可思议 = 可怕”的社会，也有人隔三岔五地光顾中餐馆或韩国料理店去“偷腥”。反之，在视食狗为理所当然的地区，也同样有待狗如亲的有爱人士。说白了，每一个时代的每一个人对狗的感情都是不一样的，残忍与否，实在是仁者见仁、智者见智。

（五）捶丸

“捶丸”的说法始见于元朝，指的是流行于我国古代的一项体育活动（唐朝称“步打球”），被誉为“高尔夫球的鼻祖”。山西省洪洞县广胜寺水神庙内有“元代捶丸壁画”，是反映时人热衷“捶丸”运动最有力的证据之一。明朝画家杜堇的《捶丸仕女图》则为我们生动形象地再现了明代仕女捶丸的场景。

（明・杜堇）《捶丸仕女图》

（上海博物馆藏）

同样两个汉字，客家人却有着不同的理解。在客家人看来，“捶丸”只有一个意思，那就是肉丸，因为传统的客家肉丸都由手工捶捣而成，故称“捶丸”。

长期以来，因为客家人都是以农为本，牛作为普通家庭最为宝贵的劳动生产力，不可能被轻易宰杀来吃（实际上，不要说寻常百姓家，直到清末，皇宫里都是禁止食用牛肉的），而其他野味、海味又不容易获得，故而以往的客家捶丸一般指的都是猪肉丸。时至今日，在一些土生土长的“老梅州”看来，捶丸就只是猪肉丸的意思。只能说，客家捶丸在广义上包括牛肉丸、牛筋丸等其他非猪肉类的肉丸子，在狭义上专指猪肉丸。

现在客家市场上售卖的捶丸常见的有猪肉丸、牛肉丸、牛筋丸和鲩丸（即草鱼丸）几种，还有比较罕见的如驴肉丸、鸭嫲丸（蕉岭特产，“鸭嫲”就是雌鸭的意思）、黄猄①丸等。不同肉质的丸子大小不一、颜色各异，但都注重质感和弹性，手工制作的要比机打的好吃，价格也比较昂贵。在吃法上，因为肉丸做好后已是熟食，所以客家人一般用来煮汤，偶尔也会将一粒粒肉丸对半切开，配上西芹等青菜小炒。

捶丸汤（罗鑫　摄）

《礼记》记载：“取牛、羊、麋、鹿、麇之肉……捶反侧之，去其饵，孰出之，去其皽，揉其肉……”也就是说，把牛、羊、鹿等兽类的肉反复捶打成绵烂状，去其筋腱，捶捣成肉茸，即成为“周八珍”② 之一的“捣珍”，可供

① 黄猄是一种小型的鹿，学名叫“赤麂”。属于独居动物，天生胆小，白天一般都躲在树丛里，到黄昏或晚上（偶尔也在凌晨）才出来觅食。由于发音相近的缘故，不少从事餐饮行业的客家人往往把“黄猄丸”写成“黄獍丸”或“黄麖丸”。根据《述异记》的记载（“獍之为兽，状如虎豹而小，始生，还食其母”），“獍”指的是一种类似虎或者豹的小型猫科野兽，与黄猄的所属、特性都相去甚远，所以写成“黄獍”是不正确的。根据《山海经·中山经》的记载（“尸山，多苍玉，其兽多麖”），“麖”是一种个头比较大的鹿，又名“马鹿”，与黄猄的体型差别很大，所以写成“黄麖”也是不妥当的。

② “周八珍”即“珍用八物”，由“二饭六菜”组成，包括“淳熬”、“淳母”、“炮豚”、“炮牂”、“捣珍”、“渍”、“熬”以及“肝膋”。

手工鲩丸（罗鑫　摄）

周天子享用。

客家捶丸实际上就是对“捣珍”的继承与发展，而且具有“因地制宜”、“与时俱进”的特点：

首先，在用料上，从最初的“牛、羊、麋、鹿、麇之肉”逐渐简化、固定为猪、牛、鲩（草鱼）几类；其次，在口感上，几经改良后，客家捶丸变得更富有弹性，非常有嚼头；再次，在吃法上，如前所述，客家捶丸十分简单，常配以青菜、豆腐煮而食之，最后再撒点葱花，清淡爽口。当然，捶丸也可以是小吃，被串成一串儿，谓之“捅肉丸”。梅州城区以前经常见到骑着三轮车卖肉丸、“捅肉丸”的商贩在沿街用客语高声吆喝，成为小城的一道亮丽风景。

那么，客家肉丸究竟有何特别的文化内涵呢？

（1）丸同然。“丸”在客语中与“然”同音。我们知道，“然”在古汉语中表示“赞”，肯定的意思。如《三国志·蜀书·彭羕传》曰：“即相然赞，遂举事焉。”有意思的是，客家人称赞好吃的说法正是“赞食”。如此美味可口的捶丸，那当然要点个赞了。

（2）丸通圆。在客语中，“丸”的发音和“圆”相同，因而圆形、饱满的肉丸往往被视为“圆满”、“团圆”的象征，是客家人逢年过节时不可或缺的一道美食。正因如此，客家人喜欢把“肉丸”写成“肉圆”。

（3）丸为缘。对客家人来说，“缘”也是“丸”的同音字，因而肉丸更是传统婚宴上必不可少的一道佳肴，寓意良缘长久、幸福圆满。

尚记肉圆店

（梅州市尚记食品有限公司提供，摄于 20 世纪 80 年代初）

（4）丸即“元”。同样，“元”也是“丸”的客语同音字，是根本、源头的意思。说到现代客家捶丸的复兴，则不得不提一个叫“元”的人，他就是改革开放以后大陆客家地区首家肉丸大王“尚记”的创始人、国内首台肉丸绞肉机的发明者杨尚元老先生。可以说，改革开放后客家肉丸因“尚记”而红遍大江南北，“尚记”也因肉丸而发家致富，最终发展成为客家特色包装食品行业的领头羊。

“尚记”第一、第二代掌门人：杨尚元先生及其儿子

（中为杨尚元老先生，右为杨老长子杨钧，左为幼子杨正。张煊摄于梅州市尚记食品有限公司）

（六）各种丸

客家人的贪“丸”，不仅限于捶丸。客家地区还有各种颇具特色的荤素丸子值得我们仔细品味，如开镬肉丸、萝卜丸、米粉丸等。

1. 客家双丸：开镬肉丸和萝卜丸

“锅”在广东有两种古色古香的说法，一种是潮汕人讲的“鼎”（也有人写作“鼐”，如台湾名吃“鼐边趖”，即“锅边糊”），另一种是客家人、广府人说的“镬”（见《周礼·天官冢宰·亨人》：“掌共鼎镬，以给水火之齐”）。日本学者桥本万太郎认为，“鼎”是周朝的讲法，“镬”是唐宋时候的讲法，而“锅”在很久以前只是我国西北地区的方言，从元代开始“逆袭”，直到今天成了绝对的主流[①]。

客家双丸：开镬肉丸和萝卜丸（御信客家王提供）

所谓“开镬肉丸”，就是“新鲜出锅的肉丸”的意思。开镬肉丸以梅县区丙村镇的最为正宗，所以很多市场、酒楼饭店直接称“开镬肉丸”为“丙村肉圆”。虽然“开镬肉丸”也是肉丸，但它与先前所

① ［日］桥本万太郎编：《世界民族史 5——汉族与中国社会》，东京：山川出版社 1983 年版，第 124～128 页。

介绍的“捶丸”无论在外观上、制作上还是口感上都有很大的不同。开镬肉丸的主料是五花肉和木薯粉，配有虾米、鱿鱼、香菇等，用料丰富。开镬肉丸一定要趁热吃才有感觉。如果配上客家地区特有的甜辣酱，则风味更佳。

客家菜注重营养均衡，因为“开镬肉丸”全是肉，所以一般不单独上盘，而是会用素菜丸子进行搭配，拼成双丸，其中最常用的是清脆爽口的萝卜丸。需要说明的是，客家人说的萝卜（邻近闽南、潮汕地区的客家人如丰顺人称萝卜为“菜头”，因与“彩头”谐音，寓意吉祥）通常指的是白萝卜。不过，萝卜丸不一定就是百分之百的素菜丸子，有一些萝卜丸是含有猪肉的。全素的萝卜丸为素丸子，木薯粉用得比较多，吃起来口感相对黏稠。而包有猪肉的萝卜丸只是以白萝卜丝为主料，吃起来还有浓浓的猪肉香。

2. 炸肉丸

松口隶属于梅州市梅县区，历史悠久，号称“千年古镇”，曾在清末民初盛极一时。那时，松口圩镇的街道上几乎天天都熙熙攘攘、车水马龙，尤其是码头、旅馆、饭店的生意格外火爆，因为当年不论是闽西还是粤东的客家人“过番”（出国）、“转唐山”（回国返乡），多半都以松口为中转站。从某种意义上说，近代客家与西方的文明正是在这粤东北山区小镇上互相碰撞、彼此交融的，而客家人也正是通过松口逐渐了解世界并最终走向全球。有念于此，也为纪念人类伟大的移民历史（其中华人的移民占了相当大的比重），联合国教科文组织决定在中国建立一个国际移民纪念广场并最终定址松口。值得一提的是，该广场已于2013年10月落成并正式对外开放，是中国境内唯一一个国际性的纪念移民的广场。

中国移民纪念广场（曾梦媚　摄）

不过，现在提到松口，大多数人首先想到的可能不是客家族群的移民

史，而是娓娓动听的客家山歌。传说在很久以前，松口有一位人靓声甜、聪明能干的“歌仙”刘三妹。有一天，刘三妹和几个姐妹正在梅江边上洗濯衣物，朦胧中有一艘船从远处缓缓地驶了过来。船上站着个秀才模样的青年男子，只见他表情兴奋，手持折扇，摇头晃脑在吟诵着什么。还未登岸呢，这位秀才就迫不及待地张口问道：“诸位姐姐，小哥这厢有礼了。请问你们有谁知道刘三妹家在何处吗？我要找她对歌。”大家一听，不禁乐了，反问秀才：“你得要有多少山歌才够和三妹对啊？”秀才也不回答，张嘴就唱道：“讲唱山歌我就多，船上载来七八箩。拿出一箩同汝唱，唱到明年割番禾！”刘三妹觉得这秀才有点意思，当即应唱道：“河唇洗衫刘三妹，借问先生哪里来？自古山歌从（松）口出，哪有山歌船载来？”秀才不想，这刘三妹居然远在天边、近在眼前，果然名不虚传啊！不知道是被刘三妹的美貌、智慧、歌声还是自信给镇住了，刚刚还神采奕奕、文思泉涌的秀才一时间竟变得哑口无言。在船上傻站了一会儿后，羞愧不已的他只得钻进船舱，叫船夫调头回程。秀才如此狼狈的挑战之行，引得岸边的看客哄堂大笑。

刘三妹“自古山歌从口出”这句堪称绝妙，因为“松”与“从”在客家话中同音，这句的意思是：客家山歌不仅是用嘴巴唱出来的，更是从我们松口唱出去的。言外之意，是在嘲讽秀才自讨没趣，鲁班门前弄大斧——献丑来了。

实际上，松口不仅山歌特别出名，“吃”也是它名声在外的一个重要原因。如前所述，松口是近代客家人出国、回国的中转站，早在一百多年以前就已经是汇聚各地客家餐饮文化的美食“重镇”。随着时间的推移，不少美食几经改良，逐渐成为松口特色美食，炸肉丸便是其中一例。

松口的炸肉丸和丙村的开镬肉丸用料大体相当，只是没有那么丰富，一般由肥瘦搭配的猪肉加入木薯粉和切碎的葱白先蒸后炸而成。从外观来看，炸肉丸和日本的“唐扬炸鸡”颇为相似。

炸肉丸的特别之处在于吃的时候要先蘸点黄酒。如此吃法不仅口感特别，更免去了食客的“后顾之忧”，因为粤东北客家地区的气候比较湿热，不宜进食大量过于“热气”的煎炸食品，否则喉咙很容易上火发炎。黄酒的作用在于能冲淡“火气”。当然，不怕上火或不喜欢黄酒的朋友也可以蘸些酸辣蒜蓉汁或其他酱料吃，别有一番风味。

松口炸肉丸（罗鑫　摄）

3. 米粉丸

客家人似乎对米粉情有独钟，米粉在客家地区的做法多种多样，有腌有煮有炒，甚至还有“米粉丸”。不过，米粉丸并不全是米粉，而是一种以米粉为主料，含有木薯粉、香菇、猪肉、鱿鱼、虾米等丰富配料的荤素搭配的丸子，味道咸香。

米粉丸（陈航、冯斌、李焜摄于梅州围龙屋星园酒家）

提及米粉丸，大多数客家人第一时间想到的就是“白宫”。读者不要觉得诧异，真的是白宫，只不过这里所说的白宫在中国梅州而不在美国华盛顿。说起来，客家地区有许多地名都是非常“霸气”的。例如在梅州，您可以早上到“剑桥”（剑英纪念大桥）读书，白天到“新马泰”（新中苑、马石下、泰康路）逛街，晚上到“白宫”吃米粉丸，一天之内跨越好几个“世界”，充分享受慢生活。

“白宫”其实是隶属于梅县区西阳镇的一个地方，系米粉丸之乡。白宫圩镇的菜市场上几乎天天都有米粉丸售卖。白宫米粉丸在客家人心目中享有较高的地位，自它诞生之日起便受到广大食客的欢迎，并伴随客家人迁徙的足迹而传播到全国各地甚至远销新加坡、马来西亚等华人相对集中的东南亚地区。

米粉丸的发明，与客家地区以往艰苦的生活条件及客家人自身勤俭节约、善于思考的美德有着密不可分的关系。我们知道，干米粉很容易碎，通常一袋米粉吃到最后都会剩余一些又短又碎的“小粉条”，或者叫“米粉渣”。在物资匮乏的年代，客家人不舍得浪费这些食物，但是直接拿来食用的话一不好处理，二很难提起胃口。于是，聪明的客家人便想办法把这些“米粉渣”搜集起来做成丸子。但米粉没有黏性，不能捏成团，怎么办呢？于是客家人就想到加点隔餐的剩饭或木薯粉，这样一来，就可以把米粉渣黏在一起了。有条件的，又加点猪油渣或者猪肉碎什么的，再炸成丸子。最早期的米粉丸就是这样制成的。后来随着大众生活水平的提高，米粉丸的配料越来越丰富，其制作方法也越来越讲究、越来越成熟，逐渐演变为今天这个样子。

制作米粉丸大概的流程是，先将米粉和香菇、鱿鱼、虾米等配料分别放进清水里浸泡，待米粉松弛后将其切碎，将干粉倒入油锅中炸。据厨师介绍，炸粉的火不能太旺，不然米粉容易炸焦。为除去腥臭，香菇、鱿鱼、虾米等配料也要拿去油炸一番。至于猪肉，则需要捣碎然后下锅炒熟，同时加入木薯粉、胡椒粉和香菇、鱿鱼、虾米等配料以及鸡精、味精、老抽等调味料。将炒好的配料等放进湿粉中搅拌，再加入炸好的干米粉，搅拌均匀后就捏成丸子。据说，要想制作出上好的米粉丸，必须要使用花生油，同时避免用盐，因为盐粒难溶。最后需提醒的是，手工做丸子的时候必须趁热，因为冷却后就不好拿捏了。

（七）腊味

入冬以后，走进客家乡村，几乎在每家每户门口都能闻到浓郁的腊味芳香。“酿肠”（腊肠）、腊“靓肉”（Jiang Ngiuk）、腊猪肝……或一条条坠于阳台的晾衣架上，或一排排挂在小庭院的竹篙下，油泽光亮，让人看了一下子就能感受到浓浓的年味，不禁垂涎三尺。客家腊味以农家土猪肉为原料，配以芳醇的客家纯米酒、老抽、生抽以及食盐等，风味独特。

各式客家腊味

（张煊摄于梅州市尚记食品有限公司）

我们知道，农历十二月俗称腊月，所以腊味（对腊肉、腊肠等熏制肉干的统称）的本意是“腊月品尝的美味”，它的历史可以上溯到先秦时代。古汉语中有一个词叫“束脩”，意思就是捆成一束的十条腊肉。“束脩”既可以作为馈赠亲友的礼物（见《礼记·少仪》：“其以乘壶酒、束脩、一犬，赐人”），也可以充当拜师学艺的学费（见陆九渊《陆脩职墓表》：“公授徒家塾，以束脩之馈补其不足”）。

根据梅州市尚记食品有限公司邓利芳经理的介绍，客家人在入秋以前是不会做腊味的。所以腊味制作的一大特点就是季节性。一般而言，冬至到立春这段时间天气比较干燥，阳光相对充足，才是制作腊味的最佳时期。

腊味是客家人岁末年初馈赠亲朋好友的必备“等路”（礼物）。在客家地区，除了像“尚记”一样专门做腊味等包装食品的特产店外，还有许多专门制作“腊味饭”的小饭店，几乎每天都座无虚席。由于本身就是熟食，腊味饭上菜的时间快、又香又美味，尤其受到工薪一族和旅客等赶时间的人的青睐。

特别有意思的是，“腊味”的客语发音几乎就是英文的“love me”（爱我）。所以笔者经常开玩笑说，如果哪位单身的男士有了一个心仪的客家女生，两人正处于暧昧期，男方又不太好意思直接向女生告白的话，那就不妨找个机会请她出来吃饭，事先叫服务员给女生上一盘腊味，如果她爽快地夹来吃进肚子里了，那就证明这个姑娘是爱你的。

肚有腊味，Do you love me?（罗鑫　摄）

（八）豆干

客家先民常年迁徙、居无定所，每到一处又经常遭遇瘴疠之气、山洪暴雨等自然灾害的侵扰，为顺利渡过时艰，必须保证随时都有充足的食物供应，所以客家人习惯在平时生活相对安稳的日子里动手制作些干腊食品，未雨绸缪。

客家地区的干粮种类繁多，除刚介绍过的腊味外，还有许多著名的“干品”。例如，福建武平的猪胆干、连城的番薯干、永定的菜干、明溪的肉脯干、上杭的萝卜干、永安的笋干、长汀的豆腐干、宁化的老鼠干非常有名，合称“闽西八大干”；广东方面，大埔百侯和梅县白渡的牛肉干、梅县松源的五香豆干、南口的黄皮豆干也都远近闻名。客家的干腊食品，集“美味、便携、易储、耐藏”等特点于一身，至今广为流传，深受民众喜爱。

孙中山先生曾经说过：“夫豆腐者，实植物中之肉料也。”既然豆腐是素中之肉，那么豆干就是素中之腊味了。客家豆干既可以直接吃，或当零食或当下酒菜，也可以用来搭配肉类，或炒或煎或焖，还可以用来做笋粄、捆粄等小吃的馅料，“食用性”相当广泛。

黄皮豆干（罗鑫　摄）

表皮如黄金，内在如白玉的黄皮豆干不仅皮韧肉嫩、口感绝佳，更因象征“金玉满堂”而受到海内外客家乡亲的喜爱，可以说是客家豆干的代表。在梅州，很多地方都生产豆干，但要说最正宗、最具人气的，当数南口的黄皮豆干。在客家菜市场上，到处都有人售卖黄皮豆干。根据商贩的介绍，小块的黄皮豆干叫“平远豆干”，以斤为单位计价。大块的叫“南口豆干”，以块为单位计价。有趣的是，从外观上看，这两种豆干除大小和形状外，并无太大差别。不管怎样，这至少反映出南口人的豆干在客家“黄皮豆干界”的地位。

据介绍，黄皮豆干的制作成形要经过浸泡（最好用山泉水）、打浆、冲浆（不可用冷水）、煮浆、点卤等数道工序，每一道工序都有较高的要求，一旦某个环节出错，则有可能白干一场。

客家民间流传着一个有关黄皮豆干的神话：话说乾隆皇帝有一次微服私访，在江浙某地偶遇一个老妪（据说是梅县南口人）在沿街兜售黄皮豆干。他心生好奇，吩咐随从过去买几块尝尝，没想到竟然如此美味，于是便问老妪这是什么美食。老妪不知道眼前的这个人是谁，很自然也很亲切地告诉

黄皮豆干炒木耳（罗利林　制作、摄影）

他这叫“黄皮豆干”。乾隆皇帝听罢，觉得这个名字过于浅白，得起个雅一点的名字才行。可一时半会又想不出什么好名字来，正深思熟虑时，人群中突然冒出了个鹤发童颜、仙风道骨的老者，他一边捋着胡须一边笑道：“此物表皮如黄金，内在似白玉，乃富贵之食也，不如就叫‘金镶玉’吧！”还没等众人缓过神来，老者“嗖”一下就不见了踪影。原来，刚才说话的是个老神仙。乾隆帝遂龙颜大悦，赶紧命随从拿出笔墨纸砚来，挥毫赐予老妪“金镶玉”三个大字。后来，乾隆的墨宝被老妪带回了她的故乡——梅县南口镇锦鸡村。此后，客家地区便兴起了制作黄皮豆干的风俗。

除南口豆干外，松源的五香豆干也十分有名，历史悠久。其最大的特点就是皮坚肉嫩、充分融合了五香粉（由花椒、八角、肉桂、砂仁、丁香等制成的粉末）和黄豆的味道。传统的松源豆干要用手工打造，用炭火烤制。目前松源圩镇上至少仍有 10 家坚持用古法制豆干的手工作坊，他们生产的豆干同样远销全国各地乃至海外，受到客家乡亲的欢迎。

松源五香豆干（罗鑫　摄）

（九）炒猪肠

猪内脏种类繁杂，客家人统称为猪杂。猪肚煲鸡、“榄肺汤”（用橄榄和猪肺、粉肠等煲制而成的汤）、全猪汤、麦冬炖猪心、炒生肠、脆肥肠等都是客家地区有名的猪杂料理。在猪杂之中，肠类因其特殊的美味和含义（与“幸福长久”的“长”、“好景常在”的“常”同音），尤其受到客家人的喜爱。客家人常吃的猪肠有粉肠（“三及第”之一）、生肠和大肠几种。不过，在客家话的语境下，“猪肠”通常指的就是猪大肠。

脆肥肠（李佳韦 摄）

据说客家炒猪肠的流行与北宋大文豪苏东坡密切相关。传闻苏东坡在贬谪南方的岁月里，每当心情低落的时候，就会到酒楼茶肆去孤饮独酌，以排忧解闷。而每一次去，炒猪肠都是他必点的“绑酒菜”之一。在“名人效应”的作用下，原本只有平民百姓才嗜好的猪肠逐渐也在地方官员和富商的餐桌上流行起来，最终成为客家的全民美食。后来，部分客家人为纪念苏东坡对宣传、推广吃猪大肠的贡献，索性就将这道菜肴命名为“炒东坡”。客家炒猪肠之所以受到大文豪的青睐，当然是有原因的，最重要的一点是它集“光、嫩、滑、香、弹”等特点于一身，味道甜美、久嚼不烂，非常适合下酒送饭。

炒猪肠的制作从选料、洗净、配料到烹炒上盘都十分讲究。具体而言：

第一步是选料和清洗。通常取“带肠”的中间一段来烹调，去头去尾后即可拿去清洗。清洗环节的要求比较高，首先要用冷水冲除肠内残余的异物，然后用温水加食盐、生粉里里外外地清洗几遍，其目的是去除残留在大肠中的异味和不必要的油脂。据介绍，猪肠前后加起来大概需要清洗七八遍才算真正清洗干净。但是，这个干净度只是相对的，如果清洗得太过的话将使猪肠的营养与美味大打折扣。清洗好后，还需要把猪肠翻折过来，放进盐水中静置一段时间后才能拿去翻炒。

第二步是配料的准备。客家人炒猪肠，喜欢放咸菜、西红柿、尖椒、姜丝等“素材”，再佐以食盐、辣椒、胡椒粉、木薯粉等调味料。因为咸菜是炒猪肠的主打配料，所以客家人比较看重对咸菜的选择。产自梅县石扇的咸菜（通称“石扇咸菜”）最受客家人的欢迎，因其

炒猪肠（罗鑫摄于梅州市五指石农家菜馆）

比较硬韧而且有特别的咸香，与猪肠搭配最为合适。

第三步是烹炒。猪肠在下锅炒之前，需要用盐和生粉再“腌”一遍。待油水热起来后即放入姜丝，然后马上放猪肠进去翻炒，须臾即可出锅。接下来倒入咸菜、西红柿、尖椒等配料，撒点调味料和木薯粉，再适量添加些清水，等炒得差不多时再把猪肠倒进去小炒一番，差不多即可上盘。虽然这里写起来只有短短一段话，但实际上炒猪肠的时候，火候是很不容易掌握的。正因为制作猪肠的难度大，客家人往往以炒猪肠做得如何来衡量一个厨师水平的高低。

（十）鱼生

鱼生即生鱼片。提起鱼生，可能很多读者马上联想到日式料理——刺身。因为刺身多为生鱼片，所以不少人以为鱼生即刺身，刺身即鱼生。但实际上，鱼生和刺身还是有差别的，其中最大的不同就是客家鱼生的原料多是产自江河湖泊的淡水鱼，而日本刺身的含义较广，凡是适宜生吃、容易细切成片的鱼、虾、蟹、贝类（几乎全产自海洋）甚至某些兽类的肉都可以算作刺身。

相比日本刺身，中国鱼生的历史更为悠久。根据文献的记载，中国人吃鱼生的历史至少可以追溯到秦汉时期，只不过那时还没有“鱼生”的说法，称为“鲙”或者“脍”。简言之，“鲙”就是将鱼肉细切成片后再进食的一种方法。正所谓“不得其酱不食”（见《论语·乡党》）——“鲙”的时候没有酱料可不行。而且，什么时候用什么酱料，古人也颇为讲究，如《礼记》就说：“脍，春用葱，秋用芥。”

“鲙”（通“脍”）字在涉及饮食记录的古文、诗歌中频频出现，这说明鱼生曾经在古代中国人特别是上流社会的餐桌上流行。如《诗经》“饮御诸友，炰鳖脍鲤”描述的是周朝大将、“中华诗祖”尹吉甫私人宴请贵客时吃鱼生（鲤鱼丝）的场景；西汉时的“鲜鲤之脍”则是专供贵族享用的美味；唐代诗仙李白更有诗云：“霜落荆门江树空，布帆无恙挂秋风。此行不为鲈鱼鲙，自爱名山入剡中。”（《秋下荆门》）南宋诗人陆游亦曾赞叹道：“人间定无可意，怎换得、玉鲙丝莼?”（《沁园春·洞庭春色》）

和华南地区的“邻居”们一样，广东梅州、福建三明等地区的客家人也保留了吃鱼生的传统，与古代中原地区的饮食文化一脉相承。

清代蕉岭地方史料《石窟一征》云：“俗好食鱼生……吾乡所脍皆鲩鱼（即草鱼），鲢鱼亦偶脍之。”现在，客家鱼生通常选用草鱼、罗非鱼、石鲣鱼、花鱼、鲤鱼、鲢鱼、鲫鱼等较为常见的几种淡水鱼制作。为保障食品安全，客家人首先对活鱼的生长环境有较高的要求，尽可能选择那些在流动的清水中长大的鱼种，其中花鱼、罗非鱼、石鲣鱼因为肉质较为鲜美，极具人气。

客家鱼生的制作大概有以下五个步骤：

第一步是选鱼和清洗。一般而言，在无污染的活水中长大、重3斤左右（太重的话肉感偏老，太轻的话则不好“细片”）、带鳞的淡水鱼都可以选来制作鱼生。但鱼捕捞起来后不宜马上宰杀，而应该先清洗掉其身上的污泥，然后把鱼转移至清水中静养数日，待鱼里里外外都变得干净后再作处理。

第二步是“迟鱼”。客家人称“宰杀”为“迟”（见古语“凌迟”），所以“迟鱼”就是杀鱼的意思。去掉鳞片后即开膛剖腹，除其内脏（切忌弄破鱼胆），取其两侧最为丰实的肉，然后去皮、剔骨，最后揩干血水。

第三步是片鱼。所谓“食不厌精，脍不厌细”，鱼肉取出来后接下来就进入“细片”的环节。技艺高超的厨师片出来的生鱼片几乎每一片都薄如纸片、晶莹剔透。值得注意的是，片鱼的刀是“专刀专用”的，切忌拿“迟鱼刀”来片鱼，否则不太卫生。如果是在夏天片鱼，那么刀具最好先冰镇过后再使用。片的时候，厨师手掌的温度也要注意，最好先“冷却”一下，这样做是为避免在片的过程中鱼肉受刀、人手等外界热量的影响而发生微妙的“质变”，从而影响口感。

第四步是晾干。鱼肉片好后，还需装放在筛子上进行晾晒，直至水分沥干。

生鱼片（陈航、李焜摄于梅州生辉餐馆）

第五步是酱料、配料的准备。吃鱼生，蒜蓉醋（用米醋而非陈醋或醋精制成）、花生油是必不可少的，还可以准备一些辣椒。鱼生的配料十分丰富，通常有葱白、生姜丝、尖椒、紫苏、薄荷叶、盐炒花生米、腌蒜头、炒黄豆等近十种。

五华鱼生（陈航、李焜摄于梅州生辉餐馆）

吃的时候，一定要先将鱼生放入蒜蓉醋中浸泡一下，这样做既可以使鱼生更加“入味”，也能起到一定的消菌杀毒作用（至少在心理上让人感觉放心）。等待数分钟后，用筷子将鱼生夹起，放入花生油中过一遍，再蘸点酱料、芥末，佐以自己喜好的配菜。

客家鱼生鲜滑爽口、脆嫩清香，吃起来非常过瘾，特别适合用作高浓度白酒的下酒菜。在浓香的白酒和芥末、辣酱的刺激下，吃完鱼生感觉全身火辣，所以鱼生特别适合在冬天食用，客家地区素有“冬至鱼生，夏至狗肉”的说法。部分客家人认为，鱼生不仅美味，还有很好的清热泻火的功效，对防治胃火上炎、阴虚口臭尤为有效，所以嗜之如命。话虽如此，鱼生毕竟是没有过火的食物，过频、过量进食可能会惹上肝吸虫等寄生虫病，这点还是要引起注意。

（十一）煮猪红

红是中国的代表色，寓意吉祥、喜庆、热闹。客家人当然也喜欢红，不仅用红，而且还喜欢“食红”（吃血）。但是，说“吃血”容易让人产生“茹毛饮血”的误会，客家人比较避讳，习惯用“红”来代替“血”。实际上，“猪血”和“猪红”是有差别的：猪血是生冷的，在文化人类学看来属于“自然”的产物；而猪红是经人手加工、烹饪过的熟食，系“文化”的象征。

客家地区最常吃的“红”有猪红、鸡红和鸭红几种，其中又以猪红最有人气。至今仍有不少人不理解客家人为何嗜食猪红。就此疑问，孙中山先生早在20世纪初便有过非常全面而深刻的回答，他在《孙文学说·行易知难》中讲道：“（猪红）含铁质独多，为补身之上品。凡病后、产后及一切血薄症之人，往时多以化炼之铁剂治之者，今皆用猪血以治之矣。盖猪血所含之铁，为有机体之铁，较之无机体之炼化铁剂，尤为适宜人之身体。故猪血之为

猪杂煮猪红（御信客家王提供）

食品，有病之人食之固可以补身，而无病之人食之亦可以益体。而中国人食之，不特不为粗恶野蛮，且极合于科学卫生也。”值得提醒的是，孙中山是以一个医生而不是以一个政治家的身份说的这番话。

实际上，客家人喜欢吃猪红，主要是因为猪红可以“打尘”——正如孙中山先生所言，猪红富含铁和血红蛋白，这些物质经过人的胃酸分解后，会产生一种滑肠消毒的健康元素，能与人体中的“尘埃”即有毒金属微粒起化学反应，最后经过肠道排出体外，起到新陈代谢的作用，这个效用就是客家人所说的“打尘”了。

说到这里，可能有的读者会产生疑问：客家地区普遍群山环绕、空气清新，没什么工业污染，怎么需要“打尘”呢？其实，这与客家山区蕴藏丰富的矿产资源、很多客家人从事矿业有着密不可分的关系。历史上，客家人不仅在客属地区，还会到云南等内陆地区去采矿，甚至下南洋的客家男人中，多半都是从事与矿场劳动有关的工作（顺便一提，客语中有一个和“矿”相关的熟语叫“拉到矿”，形容一个人遇到好事、获利良多）。在矿场工作必然会吸入大量有害粉尘，为了尽可能地排出这些有害物质，一个最简单的方法就是吃猪红。实际上，猪血的价值远不止“打尘”这么简单，它还具有补血、美容等功效，其营养价值完全不亚于猪肉和鸡蛋。直至今天，猪红仍是经常跑长途的货车司机们的最爱，也是客家沿途饭店必备的一道菜。

有趣的是，一些客家餐馆为了吸引更多的顾客，将“猪红”改名为“红色豆腐”，同时还加注英文翻译“Black Tofu”——其灵感想必来自“红茶”与“Black Tea”的对译。有的饭店更是顺水推舟，把“Black Tofu”音译回来，写成“布莱克豆腐”放在菜谱上。不知情的食客还以为是外国豆腐，禁不住点一份来尝尝。

（十二）“三及第”

崇文重教是客家社会的传统，因为客家人向来秉承“学而优则仕”的信念，认为读书做官才是一个人改善家庭条件、光耀门楣的唯一出路。毕竟，以往绝大多数客家人都生活在资源相对匮乏、交通也不甚便利的山区，除了读书，似乎没有其他更好的、可以帮助改变贫苦生活命运的选择了。（古人方渐：“梅人无植产，恃以为生者，惟读书一事耳。”黄香铁：“盖邑为山县，无田可耕。除读书之外，别无可作生计。”）客家人对教育的重视，不仅体现在对子女实实在在的经济支持和精神鼓励上，甚至还将劝学的思想渗透到日常饮食之中。

“及第”，本是考试合格的意思，而“三及第”就是“三元及第”，指的是古代在乡试、会试和殿试中都考取头名，从“解元”考上“会元”，又从“会元”高中“状元”。又或者，指的是“进士及第”的最上等，包括状元、探花和榜眼。对客家的读书人而言，“三及第”可谓人生的最高理想。

为求金榜题名，客家人把一种包含瘦肉、猪肝和猪粉肠，再配以青菜煮成的汤命名为“三及第”。“三及第”的做法并不复杂，主要是食材的挑选比较重要。通常肉要选猪肩肉，因其口感格外嫩滑、不肥不瘦，客家人称之为“靓肉”（靓肉也可以泛指一般的瘦肉）；粉肠要用竹肠，因其较为爽口；猪肝则要选粉肝。

那么，“三及第”究竟有怎样的文化内涵呢？

首先，在客语中，“猪”与“朱”、“肉”与“育”、“肝”与“官”、“肠”与“昌”分别构成一对谐音字。具体而言，“猪”就是“朱”也就是“红”的意思，象征吉利、红榜题名、喜庆；“肉”就是“育”也就是“哺育”、“教育”，表示本地重视教育、人才辈出；“肝”就是“官”也就是“官运亨通”，加上枸杞叶的“绿”，表示科举高中的子弟定会“平步青云”；“肠”则既是“昌盛”也是“长久”的意思。总之，吃了“三及第”，就预示着“读书→考试→当官”将会一帆风顺、长长久久，给予正在寒窗苦读的读书人莫大的心理安慰。

“三及第”（李焜　摄）

其次，客家饮食讲究荤素均衡，通常会用枸杞叶（客家人简称“枸杞”）来搭配“三及第”。客家人认为枸杞叶是最清肝明目的一种青菜，食之十分“清楚”。“清肝”，也就是“清官”的意思。寓意当官以后，务必像枸杞叶一样清清爽爽、两袖清风，因为老百姓们一双双充满期待的、雪亮的“明目”时时刻刻在那盯着。

随着时代的变迁以及国民物质生活水平的提高，近年来“三及第”汤不断得到改良和丰富，配菜不再局限于枸杞叶，同时靓肉、猪肝、粉肠之外多了猪心和猪腰，美其名曰“五及第”，再多个“猪生肠”的话就叫“六及第”，“六”再往上就成“全猪汤”了。

二 绿野觅食

客家族群宋明时期形成于粤闽赣三省交界的山区，“八山一水一分田”是对客家人生活环境的真实写照。山居的环境使得客家人在食材的选择上既不像平原地带那样“饭稻羹鱼”，也不似沿海地区那般嗜食水产，而是靠山吃饭，多以山区丰富的动植物和山区农民的家禽以及各种农副产品为食物来源，如香菇、冬笋、芋头、番薯等。久而久之，便形成了客家饮食崇尚天然、崇尚绿色的特色。可以说，从食物的选材到饮食习俗都打上了“山”的印记。

客家田园风光（李佳韦　摄）

（一）山珍类

山珍，顾名思义就是山区出产的各种珍稀性动植物产品。客家人主要生活在南方亚热带山区，旧时地瘠民贫，生产力低下，出产不甚富饶，在粤东梅州地区，正如清康熙《程乡县志·物产》所云："妇子终岁之勤而得之者，不过谷粟布缕，鸡犬果蔬仅足供日用之需而已。"温和湿润的地理环境，造就了区域内丰饶的山林特产，成为客家人传统食材的主要来源，尤其是菌类和竹类最为客家人喜好。

（1）香菇。

客家地区菌类植物品种丰富，包括香菇、红菇、木耳、草菇、猴头菇等。其中使用最普遍的为香菇。香菇又名香信，味道香郁鲜美、营养丰富，既是一种高级食品，又是独特的调味佐料，而且具有极高的药用价值，含有人体所需的多种氨基酸。有增强人体抗病能力，预防感冒，抵抗肝病、血管硬化、肿瘤、病毒，帮助降血压、消食健胃、止痢解毒等功效。可以说，在客家人的食物中，香菇是不可缺少的一种原料：在制作酿豆腐、百侯薄饼、烧卖等馅类菜肴和煲制各种羹汤中都会用到香菇。现代人可能会认为是香菇的营养成分造就了人们在制作食物过程中的选材取向，但就传统而言，是得益于香菇出产的山区自然属性以及满足人们味觉的生理需要。

香菇油菜（陈航　摄）

生活在粤东五华的客家人将香菇的利用演绎到极致，这就是继酿豆腐之外，当地又一道风味独特的名菜——"酿香信"。每年农历十一月至次年三月左右，霜冻过后，雨过天晴，是野生香菇生长的最佳时节。乡人往往会将采摘来的香菇放在无烟木炭（最好是檀香木炭）上烘烤干后再拿来制作菜肴。野生香菇的质量以冬菇为最，春菇次之。春菇一般果大肉薄；冬菇则一般不大，菇顶肉厚唇翘，形如铜锣，外圈有卷起的边，故俗称“铜锣唇”。这种铜锣唇的冬菇，是酿香信的上品。制作时，把菇柄末端去除，将肉馅黏附在菇顶，再涂上鸡蛋清，然后放入锅内用文火蒸熟，即可食用。此外，香菇煲猪肉、香菇与猪肉馅酿豆腐，也是当地的上乘菜色。

（2）红菇。

红菇是一种比较稀少的野生真菌，素有“中国纯天然高等野生山珍”之美称，号称“菇中之王”。红菇适合在高温多雨的环境中生长，主要产于福建三明、南平和广东五华、梅县的深山老林之中。直至今日，红菇仍不能靠人工种植。纯天然野生红菇含丰富的维生素，并含有其他食品中稀少的尼克酸，以及微量元素铁、锌、硒、锰等，营养价值极高。《本草纲目》载：“红菇味清、性温、开胃、止泻、解毒、滋补，常服之益寿也。”可见，红菇早在明代就被前人所食用。红菇有养肝补血、健胃强肾之功效。小孩泄泻用红菇蕾炖汤可止泻，妇女坐月子吃些红菇可滋补健身，所以红菇又有“南方红参”之称。此外，红菇还具有抗癌、养血、补血、活血化瘀、祛水肿、补精神、强身体、有益肾虚腰痛等药用价值。或许是由于其食疗功效和珍稀之故，在客家地区红菇进入老百姓的餐桌少之甚少，成为客家地区名副其实的“山珍”食材。

红菇（罗鑫　摄）

由于红菇属于高档食材，价格不菲，目前市面上价格最低的要四五百元一斤，品质好的高达数千元。因此人们很少用于炒或焖烧等方式来吃红菇，认为这样容易造成营养流失和浪费。普遍的烹饪方法是用来煲制各种靓汤，如红菇骨头汤、红菇鸡汤、红菇老鸭汤。其中以红菇与土鸡一起煲汤属最受欢迎、最美味的吃法。

红菇鸡汤的做法简单介绍如下：

①将土鸡宰杀洗净，置于装满清水的砂钵中，先用大火煮沸，再小火慢炖一个小时。

②取红菇干品五六个，用清水快速冲洗干净后，放入适量水中浸泡十分钟左右，然后将红菇捞出，置放在小碗中。

③将红菇放入鸡汤中再炖 15 分钟左右，即可加盐调味将鸡汤起锅。红菇不需要长时间炖煮，炖煮时间过长，红菇汤的颜色会变深，且容易破坏红菇的营养成分。

用红菇来煲汤的做法可能不限于客家地区，但是红菇炒饭却是客家地区独有的美食。这种美食的形成可能得益于客家人的节俭思想，因为红菇不适合采取炒、焖等烹饪方法，而煲汤后的红菇由于口感很“柴”，很少人食用，因而传统社会不甚富足的客家人觉得这是一种浪费，且这种观念一直衍生至今，于是红菇炒饭应运而生了。

红菇炒饭的做法比较简单：将红菇切除菇蒂，洗净并于清水中浸泡十分钟后切成菇丁；猪油放入锅内烧热，放入红菇丁，中火过油后将白饭倒入，加入酱油、味精、精盐拌匀，翻炒至饭粒变得松软，红菇香味散出后，出锅装盘即可。

（3）竹笋。

客家地区竹类资源丰富，直至现在还是当地重要的农林资源，有毛竹（又称苗竹）、青皮竹、绿竹、黄竹、粉竹、泥竹、甜竹、麻竹、观音竹、箭竹等十几个品种。客家地区的许多地方因竹而名，像广东梅县的黄竹洋村、大埔茶阳的甜竹村、丰顺县潭江镇的箭竹村等。丰富的竹资源也支撑了客家山区的竹编手工业。

以竹为美食，在中国饮食发展史中历史久远。竹作为蔬菜食用的部分是竹的嫩芽或鞭（地下茎的侧芽），即竹笋。清同治《赣州府志·舆地志·物产》载：“笋，有苗竹笋、斑竹笋、筀竹笋、甜笋、苦笋。其最美者曰冬笋，冬月于土中掘得之，味胜春笋，惟苗竹有之。”引文中说的冬笋就是中国南方山区尤其是客家地区常见的一道美食。冬笋给人的口感是鲜甜，属于甜笋类。

松口竹林（宋德剑　摄）

冬笋的做法有两种，一种是冬笋炒腊肉，冬笋的爽口、鲜嫩、甜美、清香的味道搭配腊肉的咸香，总是给食客留下一种回味无穷的留恋，如果再加上一点剁碎的咸菜，则会让人食欲大振，成为“绑饭”的最佳伴侣。另一种传统做法则是冬笋焖三层肉（即五花肉），客家话叫“笋欸焖肉”，将冬笋切成块状，与肥瘦搭配的五花肉放在大锅中，加入些许酸咸菜，放入适量的水，先是大火煮沸，再盖锅用文火焖熟。竹笋性寒，单独烹调时有苦涩味，五花肉的肥腻恰好可以中和竹笋的“寡味”，使得竹笋鲜脆爽口，吃起来又有大快朵颐的豪迈。其感觉与客家人粗犷的个性相得益彰，成为客家招待客人的美食，其中尤以蕉岭客家人最为典型。

现代社会请客吃饭已经成为人们社交的重要手段，而请人来到家中吃饭则是最为亲切隆重的，因为“家宴”的举行需要三个先决条件：一是请的人与主人关系不一般，“非亲即故”，不是至亲就是至交；二是私密性，参加者不便在公共场合露面；三是招待食物的特殊性，一般为外面酒楼难以品尝到的食物。笔者有个蕉岭籍友人，几次请我上他家吃饭，我俩之间的关系虽近，但还未及亲故和私密之程度，然每次端上餐桌的都是“笋欸焖肉”。推而及己，总觉得其人待客之道甚为简陋，而其他共餐的客家人却是兴趣盎然，对竹笋的美味赞赏有加。事后每每和家人、朋友闲聊起此事，总觉得客家人饮食过于简单，主人生活甚是节俭，或曰“吝啬”。不过现在回想此事，方觉这反倒印证了竹笋于蕉岭客家饮食文化中之重要性了。

至于苦笋，虽然在粤闽赣客家地区都有生长，然让人感到诧异的是吃苦笋的风气只有梅州客家人独有。梅州人吃苦笋的历史无从探源，但据笔者了解，起码有上百年的历史。

苦笋又名甘笋、凉笋，野生于崇山峻岭之中。苦笋在梅州山区都有出产，其中广东梅县（松源镇）、大埔县出产最多。苦笋一般有三种烹饪方法：焖煲、炒、拌，风味均以咸鲜清淡为主。其中就以苦笋煲最为人熟悉，这是一道特色客家菜，是客家饮食文化的体现，在梅州的各级宾馆酒楼、寻常的百姓人家都能见到。

苦笋煲（张煊、李宁　摄）

苦笋煲的做法简单。首先将苦笋切成斜条状，将五花肉切片。将五花肉用中火翻炒至金黄色后，加入适量咸菜一起翻炒，再加入切好的苦笋，慢火翻炒两分钟。将所有材料盛入砂钵内，加适量清水（以没过材料为准），用大火煲开后，调中小火慢煲半个小时，最后关火调味。其实做苦笋煲最重要的一道原料就是咸菜，最好是梅县石扇镇或平远县的农家咸菜，否则煲出的汤总感觉缺少一种催生人的味觉的酵素，个中原理无从解释，只知道客家人经常说咸菜主要是用来“吊味”，或许是只有咸菜可以将整道菜的味道激发出来的意思罢了。现在人们生活条件改善了，通常会用猪大骨（客语俗称“膏骨”）取代五花肉，不过最终还是取决于人的口味，中意清香素淡的口感则用猪大骨较佳；相反，喜欢肥腻一点的重口味食客则选择五花肉为上。

关于苦笋的功效，网络上的解释是：苦笋又名甘笋、凉笋，野生于崇山峻岭之中，其呈苦味的糖苷有刺激巨噬细胞生成的作用，该细胞有防癌解毒的功效；苦笋含丰富的纤维素，能促进肠蠕动，从而缩短胆固醇、脂肪等物质在体内的停留时间，故有减肥和预防便秘、结肠癌等功效。苦笋质地脆嫩、色白，清香微苦，回甜滑口，以春末出土的笋苞为佳。苦笋不但为佳肴原料，而且还可入药。

李时珍《本草纲目》则载：“苦笋味苦甘寒，主治不睡、去面目及舌上热黄，消渴明目，解酒毒、除热气、益气力、利尿、下气化痰，理风热脚气，治出汗后伤风失音。”可见，苦笋是医食俱佳的珍稀竹笋。梅州地处岭南山区，气候湿热。根据清康熙《程乡县志·气候》的说法，“程之气候，正月桃花，十月犹菊，虫蛰未启，桐木先华；深秋不霜，隆冬不雪，盛夏之际，炎湿相蒸”，可知广东客家人尤其是梅州人喜食苦笋的饮食习俗是湿热的地理气候环境的产物。闽西、赣南客家地区则地处岭北地域，为亚热带湿润性气候，四季较为分明，气候温和，从而在饮食文化上与梅州呈现出差异性。

由于苦笋不能人工培植，只能野生，加上梅州人对苦笋特别钟爱，近年来苦笋在梅州已经供不应求，于是一些投机商家开始人工加工苦笋。将竹笋浸泡于黄连水中，以假乱真，做成苦笋。基于这种现状，近年来一些地方人士开始尝试移植苦笋，并获得成功。

值得介绍的是，2014 年，《梅州日报》曾专门报道蕉岭人何炎林通过移植苦笋发家致富的故事：

【链接】

苦笋种出“甜”味道

——记蕉岭县南磜镇苦笋种植第一人何炎林①

在蕉岭县南磜镇洋山村的一个小山坳里，沿着陡峭的小路前行约2分钟，便能看到一片沿溪的滩地。这里，就是何炎林种植苦笋的地方。今年56岁的何炎林是该镇第一个人工种植苦笋的人，至今已有13年。种植苦笋不仅解决了当地苦笋的市场供给问题，还为何炎林带来了良好的经济收益。

移植福建苦笋　一年亩产千斤

洋山村竹林多，村民素有上山挖野生苦笋的习惯。13年前的一天，何炎林跟随朋友到邻近的福建中都镇挖苦笋。他发现，中都的苦笋不但长得粗壮、爽口，而且苦味较洋山的要淡，鲜味却更浓。看到洋山的苦笋越挖越少，何炎林便萌生了移植福建苦笋的念头。

“苦笋是种不活的！”一开始，村里人都对移植福建苦笋表示怀疑，但何炎林“偏要试试看”。他从福建移植了10株苦笋嫩苗，栽种在自家的林地里。经过半个月的培育，只有1株存活下来，但他并未因此打退堂鼓。他再次来到中都，精心挑选了1株品相好的嫩苗，连根带土一起移植过来。很幸运，这株嫩苗成功存活了下来。何炎林用这种方法又移植了一批苦笋苗，并以此作为种苗继续繁殖。第一年每株种苗只繁殖了三四株新芽，第二年就有六七株，到后来，苦笋的数量每年呈10倍增长。目前，何炎林的苦笋种植面积已达20亩，每年亩产可达上千斤。

经营苦竹外销　带动村民致富

何炎林介绍，苦笋容易管理，只需一年一次将苦竹周围的藤类杂草清除干净即可，无须浇水施肥。每年春分至立夏的45天是收笋时节，待笋长至40至50厘米即可掰笋。记者了解到，人工种植的苦笋比野生的更粗壮，苦味也稍淡一些，不用焯水即可烹调，颇受市场欢迎。目前，苦笋的市场收购价是每斤2.5元，何炎林的苦笋日销量可达两三百斤。

---

① 载于2014年5月19日《梅州日报》第2版：要闻。完成这篇报道的人有：见习记者黄焱，记者秦秋霖、李锦让，以及特约记者涂永平、黄麟胜。

何炎林告诉记者，若苦笋高度超过50厘米，则任其继续生长成竹，待每年的七八月份砍竹。竹子可以作为制纸浆的材料，收购价每吨约400元。揭阳的竹木市场也收购苦竹，用于编织花篮，收购价每吨可达1 000元，比毛竹的收购价高不少。他家的竹子销量每年可达3 000斤，在种植的第三年即可销售。

看到何炎林种植苦笋尝到了甜头，这些年，村民们也纷纷走上了种植苦笋致富的道路。何炎林也毫不保留，将种植经验倾囊相授。他说，接下来，自己打算加工不含防腐剂的苦笋产品，用锅炉对苦笋进行高温消毒，然后真空包装销售。

（二）野菜类

山蕨、狗爪豆是客家地区最常见的两种野菜，直到现代社会都为客家人青睐。

（1）山蕨。

山蕨是野生蕨类植物的一种，生长在山林背阳低洼湿润地带。山蕨的嫩芽称为蕨菜，蕨菜含蛋白质、矿物质、胡萝卜素和抗坏血酸等成分，且具有一种特殊的清香味。山蕨是我国各地山区都生长的植物，因此不少地方都有吃山蕨的传统，例如东北菜里的“鸡丝蕨菜”、“蒜茸蕨菜”、“红油蕨菜”等。每年农历二、三月间是蕨菜新叶生长的季节。蕨菜清香适口，风味特异，素有“山菜之王”的美誉，适于拌、炝、蒸等。

炒山蕨（李佳韦　摄）

在南方客家山区，蕨菜入食的现象尤为普遍，这或许与传统客家地区物产匮乏有一定的关系。清乾隆《嘉应州志·风俗》载：“土瘠民贫，农知务本，而合境所产谷，不敷一岁之食。”这段话说的是梅州的田地所产不能满足老百姓的日常饮食所需，于是乡民为了满足口腹之需，就地取材，从大自然中选取野生食材。粤东梅州的客家人最喜食“炒蕨”。它的具体做法是：将生蕨置于锅中用开水煮熟后，取出撕开，用清水浸泡一两天，每天换清水数次，除去其苦涩之味；将沥干的蕨菜放入烧热的熟油中爆炒，加入适量精盐，再辅以客家人喜欢的红曲、姜蒜调味而成。

由于蕨菜出产的季节性，客家人一般会将春季采摘的山蕨洗净晒干，以备他日之用，这种蕨菜称为蕨干，现在已经作为客家特产，在梅州各大商场超市均有售卖。外地人来到梅州旅游观光喜欢带回品尝，梅州人出外探亲访友也喜欢将其作为礼品馈赠亲友。蕨干的做法有两种，一种是食用时先用水泡发，再加以烹炒，做法如同新鲜蕨菜，但因其终究属于干菜类，吃起来不是那么新鲜可口，故这种烹饪之法较少；另一种是煲汤，蕨干用来煲汤为佳。

常见的有蕨干煲“血骨汤”。其做法是：蕨干提前一晚浸泡，煲汤前捞起洗净切段，血骨洗净切块，氽水捞起，用砂钵煮沸清水，放入所有材料，煮开后转中小火煲两个小时，下盐调味即可食用。当然，蕨干还可和龙骨、排骨以及鸡、鸭等荤类食材搭配煲汤，以适合不同人群的口味。蕨干汤具有益气补虚，健胃滑肠，清热祛湿，安神降压的功效。

蕨菜有清热利湿、活血止痛、健脾安神之效，常吃蕨菜可治疗高血压、头晕失眠、内伤出血、慢性关节炎等病症。不过，蕨菜虽然有营养，但味甘性寒，尤其是体质偏寒者不宜多吃，吃多了容易腹泻。

（2）狗爪豆。

狗爪豆主要生长于广东、广西、江西、湖南、贵州、浙江等南方山区。狗爪豆属于野生豆类，豆荚肥大厚实，布满绒毛，富含铁元素和植物蛋白，具有温中止痛，强筋壮骨，护肾和排毒功效。因其形似“狗爪”，皮像“狗皮”，故称为“狗爪豆”。

梅州客家人称狗爪豆为“狸豆”、“虎豆”或“狗皮豆”，赣州客家人则称其为“老胡豆”或“黎豆”。由于狗爪豆有微毒，含有“麻痹物质”，故又称“植物河豚”。狗爪豆的豆荚与里面的豆子均有毒，豆荚外膜有一层浅毛，须撕掉外皮，再用水煮沸十五至三十分钟，然后置于清水中漂洗浸泡——据说如果不浸泡的话食用易导致头晕。

酒糟焖狗爪豆（罗鑫　摄）

“酒糟焖狗爪豆”也是客家人较为喜欢的一道传统菜肴。做法如下：将狗爪豆剖开，清水浸漂后煮熟“去毒”，加入酒糟焖熟，调味出锅即成。酒糟焖狗爪豆口感“肥厚而多肉”，兼有酒的浓香，不失为一种健康美食。

（三）茎叶类

或许是自己孤陋寡闻，笔者一直有这么一个强烈的印象，将各种瓜果、蔬菜的茎叶作为食材进入餐桌可能是粤东客家人的一个饮食特色。其缘由与其说是客家人勤俭节约或曰崇尚自然的性格使然，不如说是客家地区在农业社会时期是一个缺衣少食的贫瘠山区，人们发展出生存的智慧——变废为宝，充分利用植物资源来维持人们的日常所需。久而久之，那些果蔬的茎叶便成为客家人的食物，于是，番薯叶、枸杞叶、南瓜叶、冬瓜叶、麻叶、豌豆苗等便进入了寻常百姓的食谱。

（1）枸杞叶。

枸杞叶是梅州人最为钟情的食材。枸杞叶猪肝粉肠（即猪小肠）瘦肉汤是一道客家人常喝的汤，梅州人的早餐多为腌粉、腌面，与其搭配的最常见的就是枸杞叶猪肝粉肠瘦肉汤，也叫“三及第”汤，其主要功效是清肝明目、清热润燥。

枸杞叶（陈航　摄）

枸杞叶猪肝粉肠瘦肉汤的做法如下：瘦肉切丝，加盐腌10分钟，枸杞洗净摘叶，清水入锅，煮沸；放入用生粉勾好芡的瘦肉和猪肝、粉肠，再加入枸杞叶煮熟，加盐即可起锅。煮好的汤要马上享用，不然放久了，枸杞叶会变色变苦，失去其固有的色香味。

近年来，梅州的餐桌上开始流行上汤枸杞叶。其大致做法是：将新鲜枸杞叶用清水清洗干净，捞起沥干水分；瘦肉洗净后剁成肉末，皮蛋去皮后切碎；将锅中食油烧热，蒜爆香，将肉末倒入锅中加入适量盐翻炒至肉变色，再放皮蛋一起翻炒，加入适量秘制高汤煮五分钟后，放入枸杞叶用中火煮两分钟即可。

中医认为，枸杞叶味甘苦、性寒凉，具有补虚益精、清肝明目的功效，对发热烦渴、目赤昏痛、障翳夜盲、热毒疮肿等症状均有很好的功效。

（2）番薯叶。

番薯叶即红薯叶，因客家人将一切舶来品都冠以“番”号（如花生称“番豆”、西红柿称“番茄”、洋人称“番人”等）而有此名。

番薯自明朝从美洲引入中国后，便在中国南方山区广泛种植，对中国人的日常饮食产生了结构性的革命：中国人一定程度上摆脱了粮食供应不足的窘境，也实现了清代乾嘉以来的人口爆炸式增长。传统观点认为是适合山区生长且产量极大的番薯解决了南方山区人口的饥荒问题。但是认真查阅了番薯特别是番薯叶的营养功效后，笔者突然对这个问题有了新的认识。

网络资料显示：红薯叶是红薯藤的叶子，又称地瓜叶，是旋花科甘薯植物，它是经过人工选择，培育出供人们食用的红薯苗顶端尖嫩茎的品种，在香港乃至世界被誉为“蔬菜皇后”、“长寿蔬菜”及“抗癌蔬菜”，亚洲蔬菜研究中心已将红薯叶列为高营养蔬菜品种。红薯叶具有增强免疫功能，提高机体抗病能力，促进新陈代谢，延缓衰老，降血糖、通便利尿、升血小板、止血、预防动脉硬化、阻止细胞癌变，催乳解毒，保护视力，预防夜盲的良好保健功能。

可见，番薯在南方山区的引种，不只是从量的层面解决了山区人民粮食不足的生存状况，更主要的是番薯的保健功能，从质的高度客观地提高了人们的健康品质。番薯在中国分布很广，以淮海平原、长江流域和东南沿海各省最多，粤闽赣客家地区尤甚。笔者的家乡江西就是番薯的出产地，记忆中当地将番薯收获后，番薯藤叶一般都是切碎后加入米糠在锅中煮熟，作为猪的饲料使用。即使是在 20 世纪 70 年代国家经济困难时期，番薯叶也从未上过家中的饭桌。笔者第一次吃番薯叶是 1997 年来梅州参加会议，当时还百思不得其解：怎么番薯叶还能吃呢?

其实以番薯叶做菜在粤东潮梅地区都有着悠久的历史。潮州人的精细文化造就了潮汕美食中的“护国菜”：将番薯叶捣碎，配以小母鸡或其他禽畜熬制的高汤烹制而成，味道极其鲜美。据说这道菜起源于宋帝赵昺南逃的故事。宋帝赵昺南逃至潮汕一带，有一次在一个老百姓家过夜。到了吃晚饭的时候，农家实在拿不出像样的饭菜招待，只能将家中下蛋的老母鸡宰杀炖汤，再用鸡汤焖煮番薯叶供赵昺享用。赵昺觉得鸡汤烹制的番薯叶十分可口，询问农家是何美食，农家不敢直接说是番薯叶，便灵机一动说是“护国菜”，以证明自己的爱国之举。此后护国菜一说便在潮汕一带流传。实际上，食客在享食后，只闻其味，不知其形，很难将其与番薯叶相联系，所以还不能算是真正的吃番薯叶。

笔者认为只有梅州客家人才真正将番薯叶作为餐桌上的膳食。梅州客家人吃番薯叶极其频繁，且做法简单。最常见的是“蒜蓉炒番薯叶”，先把番薯叶摘下来，洗干净。下油放入蒜头，然后倒入番薯叶。大火炒熟后，最后加盐调味就可以了。

炒番薯叶（冯斌　摄）

其他如南瓜叶、冬瓜叶、麻叶、豌豆苗等也是客家人钟情的食材，由于这类茎叶粗纤维含量多，为保持嫩滑口感，不适合翻炒。一般主要拿来做上汤菜式，做法如同上汤枸杞叶。

（四）野味类

1. 蛇鼠蜂鸠

（1）蛇。

宋人周去非在《岭外代答》卷六的《食用门·异味》中讲到，岭南地区的饮食习俗与今天客家地区人们对山野异物的嗜好极为类似：“深广及溪峒人，不问鸟兽蛇虫，无不食之。其间异味，有好有丑。山有鳖名鳌，竹有鼠名鼬……至于遇蛇必捕，不问短长；遇鼠必执，不别大小……蜂房之毒，麻虫之秽，悉炒而食之。”这里说的就是当地人吃蛇、鼠、毒蜂等野味的嗜好。

吃蛇之风在南方民族中普遍流行。《淮南子·精神训》：“越人得蚺蛇以为上肴，中国得而弃之无用。”可见，早在汉代，越人就把蛇当作美味佳肴了，而汉人一般是不吃蛇的。客家人食蛇的风习，是受古越人饮食习俗影响的结果。蛇作为山区野生动物，具有滋阴解毒、活血祛火的功效，其食疗价值恰好适应了南方山区湿热的气候环境。印象中客家人夏天喜欢用蛇和黄豆煲汤给小孩解暑，据说夏天小孩吃了蛇汤不会长痱子、发热气。粤东客家地区盛行盐焗蛇碌和龙凤汤，闽西流行“鸡公汤”，是受南方闽越人食俗的影响。

这里主要介绍三道比较有名的客家蛇肉料理。

首先是盐焗蛇碌，制作这道菜一般会选取肉质比较肥厚的蚺蛇。将蚺蛇宰杀后，洗净切段，然后下盐、味精、食粉、干生粉“腌”约半小时备用。再将酱油加入上汤调好备用。热锅下油，待油热至冒烟，放入腌好的蛇段炸至外脆后捞起，放于滤勺中滤干。等黄豆在油锅中炸至八成熟，放下蛇段，加入调好的酱油略焗便可上碟。盐焗蛇碌肉质鲜美，配以黄豆的酥香，总是令食客久久难忘。吃蛇碌时，两手执一段蛇碌由最外层的蛇皮吃起，感受其间的爽滑，再到鲜美的蛇肉，甘香的美味和咀嚼的乐趣令人难以言表。由于蛇肉性味甘咸平，含有蛋白质、脂肪、多种无机盐、糖类、钙、磷、铁、锌及多种维生素成分，具有补气血、祛风邪、通经络的作用，所以这道菜具有清热除烦、祛风止痛、补益强壮、美容抗衰老等功效。

盐焗蛇碌（陈航　提供）

其次是龙凤汤。龙凤汤的主料是眼镜蛇等毒性较强的毒蛇和农家土鸡。其做法是：先将毒蛇、土鸡宰杀洗净后切段、斩块，加葱姜分别焯水，放入砂钵内；用葱姜末炝锅后加入黄酒、鲜汤、盐、胡椒粉，烧开撇去浮沫过滤后，倒入砂钵中，先用大火煮沸，再用小火慢炖两个小时左右即成。龙凤汤口感鲜甜，气味清香，食后令人回味无穷。由于蛇肉和鸡肉都富含蛋白质、脂肪、糖类、钙、磷、铁以及维生素，十分滋补。特别适合过敏性皮肤病患者及体质虚弱、气血不足、营养不良之人食用，具有滋阴壮阳之功效。

最后是闽西宁化一带的“鸡公汤”。制作鸡公汤较为简单，将蛇去头、剥皮，开膛取胆。民间认为蛇胆有清热明目之效，因此往往将蛇胆佐酒吞食。蛇身切段洗净，置于铁锅中煮熟即可。乡村俗称“煮鸡公”，食用蛇汤时称“食鸡公汤”。

（2）鼠。

客家人吃鼠的习俗显然也是受岭南土著文化的影响。根据史料记载可知，食鼠也是黎族的风俗，无论是山鼠、田鼠、家鼠、松鼠均可捕食。食鼠时，先将鼠投入火中烧一会儿，然后刮去毛，除去内脏，再烤或烧即可。

“闽西八大干”里的宁化老鼠干的制作与古时黎族食鼠的方式如出一辙。

每年的秋冬季节，正是田鼠肥壮的时节。捕鼠者在头天下午将各种捕鼠工具安置在田头地尾老鼠出没之处，第二天早上就能捕获不少的猎物。制作老鼠干也很简单：将老鼠剥皮后去除内脏，用清水洗净；将米糠置于铁锅中点燃，支好支架，将老鼠放在支架上熏烤，待熏烤至六七成干时收起备用或拿到市场售卖。加工制作时，只需将鼠干去头尾和四爪，切成小块，放入油锅中煎炒，配以猪肉、冬笋、香菇、大蒜，佐以酒酿、姜丝、盐、味精等，即可装盘享用。其味香气逼人，味道鲜美，喜欢吃辣的可加入辣椒，则更为开胃。鼠肉有补肾健脾的功效，还可治小儿尿床之症。

梅州人对田鼠不甚喜好，唯对竹鼠宠爱有加。竹鼠又名芒鼠、竹鰡、竹根鼠等。当地人称竹鼠为土仑，属哺乳纲啮齿目竹鼠科。体胖，长约25～35厘米，背部、腹部灰色，眼和耳部小，四肢和尾短，生活在竹林、芒秆内，穴居，食竹子、芒秆及其地下茎。

客家地区比较有名的鼠肉料理是焖芒鼠，其做法是：先将黄豆泡好备用，然后往高压锅内注入清水，倒入芒鼠块，调入盐、料酒、酱油等调料上汽后压十到十五分钟，熄火备用；锅内注油，葱、姜、蒜爆香，倒入芒鼠块爆炒至金黄色，出锅装盘；砂钵内注入少量水，将炒好的芒鼠块和黄豆用大火烧开后再用小火炖40分钟即成。

芒鼠肉质细腻、精瘦，味道鲜美，营养丰富，富含磷、钙、维生素E及氨基酸，是一种营养价值高，低脂肪、低胆固醇的肉类食品。《本草纲目》记载：“竹鼠肉甘，平，无毒。补中益气，解毒。”具有很高的药用价值。现代医学证明，芒鼠肉具有促进人体白细胞和毛发生长、增强肝功能和防止血管硬化等功效，对抗衰老、延缓青春期有良好效果，是天然的美容和健身食物。由于芒鼠的营养价值高，且具有健身药用功能，近年来，在南方的江西、广东、贵州、云南等地开始有芒鼠的人工养殖，以满足市场的需要。

芒鼠（图片来源：百度百科）

（3）蜂。

在中国食用蜂蛹历史久远，《礼记·内则》载："蜩、（蜂）鲜之，人君燕食。"唐朝刘恂的《岭表录异》也提到"宣歙人好食蜂儿"。宋朝苏颂在《图经本草》中说："在蜜脾中，如蚕蛹而白色。岭南人取头足未成者，油炒食之。"说明至少从唐宋时期开始，岭南人就有吃蜂蛹的习俗。

蜂蛹一般为黄蜂、黑蜂、土蜂等野蜂的幼虫和蛹。蜂蛹系鲜活产品，除鲜炒取食外，大部分采用干制法加工，以便于贮藏、包装。

香炸蜂蛹是梅城人（即梅州城区的市民）最常见的吃法。将蜂蛹放入热油中高温油炸，待蜂蛹炸至快呈金黄色，即起锅装盘，撒入盐或辣椒、花椒调味即可。香炸蜂蛹口感香酥，蛋白质含量丰富，为佐酒的高档美食。

香炸蜂蛹（罗鑫　摄）

成年老蜂则可用来泡酒，可以加点当归、羊耳菊根、五加皮进去同泡，泡出来的酒呈红棕色，具有祛风除湿的作用，可治疗各种风湿病。

据资料记载：蜂蛹富含蛋白质、氨基酸、锗、硒、维生素和钙、酶等营养元素，其营养价值不低于花粉，被誉为“天上人参”，是一种纯天然的高级营养品。中医认为，蛹性味甘、温、咸、辛，有温阳补肾、祛风除湿、健脾消积之功，适用于治疗肾阳亏虚，阳痿遗精，风湿痹痛，小儿疳积等症。蜂蛹更是体弱、病后、老人及妇女产后的高级营养补品。蜂蛹对机体糖和脂肪代谢能起到很好的调节作用，蛹油则有降血脂、降胆固醇的作用，对辅助治疗高胆固醇血症和改善肝功能有明显疗效。此外，蛹产生的具有药理学活性的产物能有效改善人体内的白细胞水平，从而提高人体的免疫功能，具有延缓人体机能衰老进程的功能。

（4）鸠。

客家地区山高林密，野生动植物资源丰富，以飞禽为例，常见的就有二三十种。清乾隆《嘉应州志》的“物产”部分记载粤东梅州山区的鸟类有近三十种，如雉、鹊、乌鸦、五色雀、鹁鸠、莺燕、山鹏、画眉、雀、杜鹃、鹧鸪、百舌、伯劳、脊翎、白头、竹鸡、鹌鹑、啄木、翡翠、鹞、鸽、鹩哥、凫鸭、鹳、鹭鸶、白鹇、鸬鹚等。

传统社会山村老百姓生活来源少，认为“靠山吃山”，这些山林野味无疑就成为客家人餐桌上的美味佳肴。现在梅城的酒楼里吃到的斑鸠、鹧鸪、竹鸡等“野味”，实际上多数是饲养的。这些“野味”的主要烹饪方法有两种：清蒸和盐焗。

以清蒸斑鸠为例，具体做法如下：将斑鸠宰杀去毛，除去内脏，洗净，斩成块；斩好的斑鸠块放入盐、料酒、白糖、葱段、酱油、姜片搅拌均匀，腌制 40 分钟；把腌好的斑鸠块放入瓷盘中，上笼蒸 15 ~20 分钟即可。

斑鸠肉质鲜嫩，含有人体所需的大量维生素和微量元素，营养丰富，具有滋补保健功效，对久病体虚、气血不足、遗尿、尿频等症状有较好的食疗作用。

一般而言，清蒸的做法容易保持食材的本色和营养成分，即俗称的“原汁原味”，而盐焗的方式则能够将食材的香味激发出来，从嗅觉上提升人们的食欲。

清蒸斑鸠（李陈冯　摄）

2. 蛙、螺

司马迁在《史记·货殖列传》中对江南越人的饮食方式进行了精辟概括：“楚越之地，地广人稀，饭稻羹鱼。”其中的饭稻羹鱼，并非吃米饭和吃鱼的简单方式，“鱼”也应该理解为水生动物，如鱼、虾、蚌、螺、龟、蛇、鳖、蛤等。可见秦汉以来水生动物已成为南方人餐桌上的食物。尉迟枢《南楚新闻》中讲到南方越人用芋头和蛤蟆一起烹制抱芋羹的做法：“百粤人蛤蟆为上味，先于釜中置小芋，俟汤沸，投蛤蟆，皆抱芋而熟，谓之抱芋羹。”宋代文献《萍洲可谈》中有福建、浙江和两湖（湖南、湖北）人以水产为食的记述：“闽浙人食蛙，湖湘人食蛤蚧，大蛙也……广南人食蛇。”晋代张华的《博物志》则记载了中国东南地区人钟爱水产的食俗：“东南之人食水产……鱼、鳖、螺、蚌以为珍味，不觉其腥臊也。”

我国东南地区嗜食水产的悠久传统，对生活在山区客家人的影响是毋庸置疑的。“日夜喊汝读书，汝就挫去掌牛。收鸟蔸、拉田螺、捉老蟹汝就晓，一日到暗净知得去塘唇边钓蝈子，饭也毋煮，水也毋暖，猪嫲也毋捡其食，暗晡夜等惹爸转来汝就知差矣呐，长长个竹鞭子分汝食。”（每天叫你读书你就偏偏要放牛。掏鸟窝、摸田螺、抓螃蟹你就会，一天到晚都在鱼塘钓青蛙，饭也不烧，水也不热，母猪也不给它喂食，晚上回来你就知道错了，你爸爸的竹鞭子有得你受）以上是梅州客家地区流行的“说教词”，说的是一个孩童不去读书和做家务，整天在野外掏鸟窝、摸田螺、抓螃蟹的顽皮举动。

一直到现在，客家人对一些陆生水产仍宠爱有加。其中以蛙类、螺类动物最为典型。

（1）蛙。

客家地区的蛙有许多类别。清乾隆《嘉应州志》中记载有田鸡（俗称蛤蟆）、石仑、竹夹蛙、蟾蜍、水蚂之别。其中只有蛤蟆、石仑当地人喜食。唯感奇怪的是赣南人把青蛙称为田父，俗称田鸡。清同治《赣州府志》卷二十一的

石仑（罗鑫　摄）

“物产”载：“田父，俗呼田鸡。其皮青黄色，背腹有黑斑，爪前四后五。多产田陇。”究其原委，可能青蛙能够吞噬农业害虫，保护庄稼。当地人尊称为“田父”，寓意“像父亲一样关照农业生产”。至于今人所谓蛤蟆，则称为“石仑”（客家话发音“乱”），同书记载：“石仑，生于石罄溪涧中。皮上黑腹下白，口巨腹大后股长。其声旷旷。然其性亦狡，昂其腹于石上作死状，鸟见啄之，前足合抱擒入水底。乡人捕法，夜持火炬，眼见光即迷。浮水者以蕨苗轻击水面，彼疑为蛇而搂抱，即以缕箕网之。”相同的是闽西宁化一带也把青蛙称为田鸡。

青蛙在客家地区很少有人食用，蛤蟆则为山区客家人的一道美味。

爆炒田鸡是赣南地区的一道美味佳肴。这里的田鸡实际上是石仑，即蛤蟆。做法如下：先把田鸡洗净清理好备用，葱蒜切末备用；热锅下油，放蒜爆香后放入田鸡翻炒；翻炒一阵后放入适量花雕酒和鸡精调味；再略加翻炒后放入葱段炒匀即可。

最有意思的是梅州人尤为喜欢食“蜗”，客家地区也称之为“雨蛙”。其得名大致源于此蛙的个头较小，有点类似大雨点。据香港客家文化学会会长林文映女士考证，梅州人说的“拐”，其实书面语称“蜠”。《周礼》中有“蜠”字，郑玄注：“蜠，今御所食蛙也。”《玉篇》释“蜠”曰“蛙别名”。《礼·月令》：“蝼蜠鸣。”（注：蝼蜠，蛙也。蝼蜠色青小形而长股。蝼者小也，蝼蜠者小蛙也，蝼蜠者蜠子、蜠仔也。）可见，幼小的青蛙叫蜠子（客语称“蜠鲶子”），长大了就变成青蛙了。

梅州人最推崇的食用方法是糟水炒蜠。做法甚是简单：把一只只蜠子破肚，清掉肠肚，热锅下油大火炒至蜠子四脚挺直，加入蒜头、红曲、葱姜以去腥臊味，起锅装盘即成一道极有特色的客家名菜。

还有一种食用方法是将蜠子捣碎，加些芡粉，做成蜠丸，或蒸熟，或煮熟，鲜味依然。蜠丸也可炸：起油锅，将蜠丸放入炸至金黄色起锅，再加蘸料，亦是佐酒佳肴，香味喷鼻，唯清甜略减。

吃小青蛙可能是梅州客家人的专利，当地人认为食用小青蛙可壮腰固肾。其因一直令人费解，大概以为小青蛙极善跳跃，类比于腰腿健壮之人，非腰腿好，不能做到。故民间将小青蛙作为一剂偏方用以医治腰部不力或受伤之患者，将小青蛙洗净活吞，据说效果极为灵验。或许其为梅州人嗜食该物的原因所在。

（2）螺。

客家地区的螺有两种。一种是田螺，产于水田和池塘中，个大肉厚；另一种是石螺，产于山涧水溪中，客家人称“山坑螺”。

粤东客家地区除了平时以田螺为食外，在八月十五中秋节，不但要吃月饼、板栗、柚子、山梨等瓜果，炒田螺也是必备之菜。其原因和吃月饼一样，以田螺寓意团圆。

黄遵宪在他的《己亥杂诗》中也说到客家人清明扫墓时吃螺的情景：

螺壳漫山纸蝶飞，携雏扶老语依依。
红罗散影铜箫响，知是谁家扫墓归。

作者解释：“（客家人）扫墓每在墦间聚食，喜食螺，弃壳满地，足以徵其子孙之众多也。乐用铜箫，亦土俗。”客家人把扫墓与津津有味的田螺享受相结合，清明既扫了墓，又在水光山色中享受了田螺的美味；既祭奠了祖先，又获得了子孙众多的吉兆；将祭拜先人与美好愿景融合于享用田螺美味的过程中，使客家人的扫墓祭祖充满了人情韵味。

田螺的特点是壳薄肉厚。将田螺与一种叫紫苏的芳香草同炒，便会产生一种香中有辣，辣中带甜的怪味。这一怪味颇为食客喜爱。紫苏炒田螺是街头小店或一些客家特色酒楼常见的食物。炒时还可放上辣椒、葱或蒜、豆豉、盐等调味料品，其味道更佳。

具体做法如下：

①田螺放在盆里养上一两天时间，让田螺将腹中的泥沙吐纳干净。②紫苏摘除茎部，洗净，待用。③锅中油烧热，把蒜头、姜丝、辣椒放入锅里炒香。④放入紫苏，翻炒一下，装碗。⑤锅中油烧热，把田螺倒入锅里爆炒。⑥放入两汤匙酒娘。⑦再放入适量的盐，炒匀。⑧把原先炒好的配料也倒入锅里，加入适量水，以漫过田螺为宜，大火煮沸，加盖小火焖至收汁，装盘。

田螺除炒之外，田螺煲也是梅州人的一种常见吃法。

传统田螺煲的做法如下：

①选取个大肉厚的田螺洗净表面泥沙，剪去尾部。用开水煮两三

分钟，捞起备用。②准备配料：金不换、姜、蒜、葱、小长椒、酒糟等。③炒锅烧热，放油，放入配料爆香。④放入田螺翻炒，放料酒、生抽、剁椒、适量盐继续翻炒。喜欢吃更辣的话还可以再放几个干辣椒。⑤炒锅里加入开水，差不多过面即可。大火煮五六分钟。可以放少许胡椒粉。⑥倒入放了黄瓜的砂煲里，放入葱，盖上盖子再煲煮十来分钟。

现在，一些酒楼饭店对田螺采取先酿后煲的方法烹饪，即将田螺肉挖空后拌以香菇、猪肉等重新植入，然后再进行煲煮，谓之“酿田螺煲”。

酿田螺煲（李焜　摄）

除田螺外，石螺也是客家人尤其是梅州人的一大喜好。石螺壳硬，呈暗黑或黄色，形略长，也有椭圆形的，生活在山间小溪，喜欢阳光和清水，常吸附在溪石上，以藻类、苔藓等水生植物为食。

有趣的是，在梅州阴那山小溪中生长的一种石螺，其形态和普通石螺一样，只是尾部少了一截，有如人们将螺敲去螺的尾部后下锅煮食的石螺，称为“无孓石螺”（孓，又作“豚”，客语音 Duk），即没有尾部的石螺。

传说当年惭愧祖师潘了拳于阴那山灵光寺修行，适有十方善信来寺进香，拾得溪中石螺作为佐菜。他们把螺敲去尾部后，正要下锅之际，被潘了拳发现，上前劝说“信佛人要戒杀生”。善信遵听奉劝，便将石螺放回溪中，繁衍至今。从此，无㕦石螺成为阴那山的一种富有特色的水生物。不过传说归传说，现在在阴那山一带已是很难找到这种无㕦石螺了。

石螺一般采取炒的方法烹饪。其做法与紫苏炒田螺类似。石螺是营养丰富的风味美食，肉质爽脆，味道香甜，有健胃、增进食欲的功效。

梅城人多喜欢夏季炎热之夜，三三两两、呼朋唤友来到各类炒螺摊档，炒上几盘螺，再配以啤酒、饮料，谈天说地、天南海北一番，享受山城清新的空气和迷人的夜色。

炒石螺（李焜、陈航　摄）

三　粄粉面饭

坊间戏言，“粥、粉、面、饭”才是古代中国影响世界最为深远的四大发明。在客家地区，还流行一类叫作“粄”的食物，可以说是继“四大发明”之后的“第五大发明”。粄的种类繁多，有咸甜干湿，可蒸煮煎炸，命名方式亦各不相同：有的根据味道命名，如甜粄；有的根据形状命名，如老鼠粄；有的根据馅料命名，如萝卜粄；有的根据做法命名，如捆粄；有的根据颜色命名，如黄粄；还有的根据故事命名，如忆子粄。可以说，粄是最具特色也是最受欢迎的客家美食，堪称华南稻米文化的杰作。

从外形看，客家的粄有的像潮汕的粿，有的像广府的糕，有的又像北方的饼和包子，但又不尽相同。要从正面给粄下个精准的定义还真是件难事，用“反证法”可能相对容易些，客家文化学者王增能先生就曾反证道：“抽丝的米制品如米粉干不能叫粄；由米屑制成的各种糕饼，如中秋月饼、枫朗酸枣糕、白侯薄饼、大埔豆子羹、梅县菊花糕、龙川牛筋糕等，也都不能叫粄。”①

粄的特别之处在于它既可以是主食，又可以是副食甚至是零食。如果非得划出个“楚河汉界”来的话，那么大多数粄应该归为主食类。这不妨从“粄”字的结构（从左到右）来看：左边的“米”表示原料，右边的“反”表示读音；然后再从右到左看：“反正都可以当米饭吃”——当然，并不是所有的粄都用米浆制成，也不一定都能当饭吃，如“仙人粄”。需要说明的是，为了编排上的方便，笔者将一些本该归为小吃类的“粄”也一并放在这里介绍。

除粄之外，米粉也是客家人喜爱的一类主食。早晨起来喜欢吃腌

① 王增能：《客家饮食文化》，福州：福建教育出版社1995年版，第52页。

粉、靓肉粉，到了夜宵时间又喜欢吃鱼散粉、鱼头煮粉、狗肉煮粉。如前文所介绍，勤劳智慧的客家人还能把米粉渣子做成美味的“米粉丸”。

至于面食，作为深受古代中原文化影响的族群，客家人一直是怀有深厚感情的。据说许多客家美食的发明就是南迁的客家先民对面食深切怀念的结果，如酿豆腐、笋粄等。今时今日，一碗热腾腾、香喷喷的腌面已然成为客家美食的代表符号。腌面之于客家人，如同泡菜之于韩国人。

在客家话的语境下，“请食饭”当然不仅仅是请客吃白米饭那么简单，肯定还有肉有菜、有酒有茶。客家的“鱼焖饭”、“鸡丝饭”等饭食，颇具地方特色，十分美味。至于稀饭，可能是客家地区人气较低的主食，通常只有在进食太多油腻的菜肴过后才喝点稀饭中和一下肠胃。但是，这并不意味着客家的稀饭就没有特色。例如，流行于五华一带的薏米粥就是集美味与健康于一身的美味稀饭。

（一）发粄

将发酵粉（客家人称为“酵种”）掺入粘米粉中，加水使之充分发酵后倒入陶制“饭钵”中蒸熟的食物称为发粄。因为制作发粄多用饭钵，所以也有人称这种粄为“钵粄”（或曰“碗粄”，但在某些地方“碗粄”指的是另一种粄食）。“钵”与“发”在客家话中谐音，“钵”字平淡无奇而“发”字有兴旺发达之意，为图吉利，客家人大都习惯称这种粄为“发粄”，说“钵粄”反而显得有些另类。

蒸发粄（曾玉玲　摄）

擂茶发粄

（罗鑫摄于梅州客家小镇牡丹亭）

发粄口感酥软、粉嫩、香甜，不仅能满足人的食欲，还寄寓了客家人乐观豁达、积极向上的处世精神。这是因为，发粄蒸熟后会从钵面隆起咧笑——所谓“笑口常开”，“笑”在客语中可以作为形容词使用，表示开口、缝隙。客家人认为，生活就应该像发粄一样，越“笑”才会变得越美好。

发粄常用于喜宴、庆典，所以多为红色（添加了红曲的缘故），市场上常见的还有黄色、白色的发粄。客家发粄中比较有特色的是擂茶发粄，外观清新淡雅，口感软韧甘甜，伴有一股幽幽的擂茶香。

发粄主要有两种吃法，一种是现蒸现吃，另一种是将蒸好的发粄细切成片、煎炸过后再吃。两种吃法各有特色，但同样美味。

顺便一提，“发”在客语中有两个读音，一为“Bot”，一为“Fat”。通常认为前者是白读音，后者是文读音。所谓白读音，就是通俗的、客语固有的读音，一般和普通话发音差别较大。但不管是哪种读音，“发”的意思一样，所以“Bot Ban”是“发粄”最地道的读法，但读作“Fat Ban”也说得过去。不过，当我们说恭喜“发财”的时候，只能读作“Fat Tsoi”，千万不能说“Bot Tsoi”。因为“Bot Tsoi”写成汉字是“发痤”，指的是长疮疖。（《说文·卷七下》：“痤，小肿也。从疒，坐声。”）

（二）味窖粄

作为一种风味小吃，味窖粄以其物美价廉、嫩滑爽口而备受客家人的喜爱。

从字面上解释，“味”指的是调味料，所以“酱油”客家话叫作“白味”，“鱼露”叫作“鱼味”。不过，传统味窖粄的“味”既不是“白味”也不是“鱼味”，而是“红味”——一种用黄糖、酱油、姜蓉等熬制而成的甜料。至于第二个字，在写法上存在争议。有人主张写作“味酵粄”，有人认为是“味窖粄”。主张“味酵粄”的，是因为看到“醋”、“酒”、“酱”等几个表示调味料的汉字都带“酉”，而粄食又多半通过发酵而成，所以就用“酵”字来描述这种粄；主张“味窖粄”的人则认为，“酵”不符合事实，容易误导他人，因为制作这种粄并不需要发酵。

笔者认为，就这种粄名称的“第二个字”，可以有两种解释。一是“酵”、“窖”都是“搅”的“白水字”（即错别字），因为食用味窖粄的时候需要先用竹签搅一下，原意为“味搅粄”；二是它们都是“交”的通假字。“交”是客语的常用词，念去声即第四声时一般表示交换、交易（为避免歧义，以下将表示“交换、交易”的“交”繁化为“挍”），如客家熟语“打米挍番薯，晓算毋晓售”用“量米换地瓜”来讽刺那些貌似有生意头脑，实际上只会做赔本买卖的“聪明人”。简言之，“挍”就是以物物交换的形式互通有无。因而，味窖粄的原名应该是“味挍粄”，是有味无粄的人和有粄无味的人通过交换产生的结果。

旧时，只有在农历六月初六前后即出产新米的时候客家人才会磨浆做粄，以庆贺丰收、感谢神明保佑，同时祈求来年风调雨顺、五谷丰登。不难想象，有余粮打米浆的多半都是比较富裕的家庭。最初，粄更多的是被当成主食来看待，而且是主食当中比较珍贵的一种，通常只有在富人家举办重大喜宴、庆典或招待贵客之时才会在餐桌上出现。

有一回，一个专做调味料生意的商人随一个梅县出身的秀才一道参加某地主的生日宴会，席间吃到了这种粄。商人来自外县，没见过这种食物，甚是好奇，尝了下觉得还蛮好吃的，只是淡然无味，总觉得差了点什么。就在这时，他突然想到，自己随身带了些自家产的红味，为什么不试着拌些红味来吃呢？他随即吩咐随从拿来一些倒给大家。没想到，红味与这粄竟如此相得益彰，美味非常！与他同桌的地主一家更是惊奇不已，因为他们是第一次尝到红味这种调味料，一个个赞不绝口。于是，粄上了一盘又一盘，红味换了一碟又一碟，主客之间交谈得不亦乐乎。

酒足“粄”饱过后，地主觉得还不够尽兴，便邀请秀才和商人等比较重要的客人移步到客厅用茶。闲聊间，调味料商人对地主说："难得大家这么喜欢，待鄙人回家以后，一定寄几坛红味来献给府上。"地主听闻，笑答道："多谢老板。这粄想必您也爱吃，我已经吩咐下人准备了几担，待会儿您回去的时候一定别忘了带上。"商人甚喜，问道："多谢多谢。只是不知这美味的粄叫作什么名字？"地主把目光转向秀才："还没有呢，正想请教。"秀才笑答："粄本身叫什么是次要的，但今天吃的这道红味搅粄，一定得取个有特色的名字。既是老板先拿红味来'搅'粄，现在又拿红味来'挍'粄的，我看就叫'味挍粄'好了！"众人一听，齐齐称赞。秀才接着又说道："味无粄不能吃，粄无味不好吃。用味挍粄也好，用粄挍味也罢，大家交来换去的只是物质而已，东西换来换去还是这么多，但人与人之间却从此有了交情，岂不乐哉！"后来，这商人和地主果然成为经常来往的好朋友，"味挍粄"也逐渐流传了开来。随着时间的推移和经济的发展，"味挍粄"早已不是富裕人家的专享，而成为客家地区最平民化的一种粄食。

味窖粄（陈航、冯斌、李焜摄于梅州围龙屋星园酒家）

味窖粄的制作并不复杂。将米磨成浆后，加入少许食用碱水（客家人称为"饼药"）混匀，用沸水冲浆，倒入碗内蒸熟即可（以蒸碗四周是否膨胀，中间有无略为"凹陷"为判断标准）。现在在客家地区，除了小吃店、普通家庭外，不少寺庙、庵堂也会通过制作味窖粄来和善男信女进行交流与分享。

味窖粄的吃法主要有三种，通常是把它当成小吃：拿一根小竹签，在粄上划出几条缝儿，然后把红味浇在粄面，一小块一小块地挑出来吃。除此之外，还可以和点淀粉拿去油炸，做成“天妇罗”式的味窖粄——“炸味窖粄”是梅县最出名的街边特色小吃之一。当然，还可以把味窖粄切成块状，配以肉丝、香菇、鱿鱼、葱花等加酱油清炒。作为米饭的替代主食，“炒味窖粄”受到许多客家餐馆的推崇，也成为客家人招呼外地亲戚朋友的必点特色主食之一。

炒味窖粄（罗鑫　摄）

（三）老鼠粄

“老鼠粄”是客家人最喜欢吃的一种粄食，原产于大埔县，它的主要原料是粘米。之所以取这样的名字，只是因为这种粄的外形酷似老鼠的尾巴（所以有的人也称这种粄为“老鼠尾”、“鼠尾粄”），实际上老鼠粄与老鼠完全没有关系，就像“菊花糕”里没有菊花、“老婆饼”里没有老婆一样。话虽如此，对不熟悉客家文化的朋友来说，光是看到“老鼠”这两个字，恐怕就已经望而生畏、瞬间没有食欲了。有鉴于此，部分客家人取老鼠粄颜色白如珍珠的特点，将其正名为“珍珠粄”，这个名字尤其受到酒楼饭店的欢迎。也有人从制作老鼠粄的工具着手，称其为“米筛”或“米筛目”，如台湾苗栗的客家人便如是说。老鼠粄口感嫩滑，吃法多样，可煮可腌可炒，十分美味。

腌老鼠粄（陈航、李焜　摄）

（四）捆粄

捆粄又称卷粄。顾名思义，就是通过捆、卷的方式做成的一种粄，是丰顺县的特色小吃。和酿豆腐的传说相似，不少客家人认为，捆粄也是先民移居南方后，因为怀念中原美食春卷而利用稻米“模仿”出来的一道美食。

捆粄的制作虽不复杂，但比较麻烦。而且它要求现做现吃，不宜久置，因而日常做捆粄的绝大多数都是从事早餐、夜宵生意的小吃店。

通常，捆粄一做就是两条，寓意“好事成双”——当然，现实原因是捆粄的皮比较大，一张皮刚好可以对半切开，而一半刚好可以捆一个粄。捆粄的馅料有荤有素，都必须事先准备好，包括炒熟的肉丁（猪肉）和素菜。素菜的种类丰富，有豆干、豆角、马铃薯、玉米、胡萝卜、韭菜、香芋等，食客可以根据个人喜好自由选择其中一两样。当有顾客点单的时候，捆粄师傅便会先将米浆均匀地倒入一个长方形的锡制容器（客家人称为“锡盘”或“锡托”）中，然后像关抽屉一样把锡盘塞入炉中炊熟。很快，当锡盘被师傅从炉中抽出来后，米浆就变成了粄皮。粄皮取出来后即用塑料刮片将其对半划开，抓些肉丁、素菜放到粄皮的中间位置，然后用双手简单对折、捆包一下即可，中间无须添加任何调味料。熟手的师傅做捆粄只需要几十秒的时间，加上捆粄小巧便携、营养丰富，非常适应快节奏的现代生活，特别受到上班族的喜爱。

吃的时候，捆粄并没有什么特别讲究的地方，只要趁热吃就行。不过，堂食与打包的捆粄有一点区别：堂食的话店家会往粄身上浇一种用蒜头油、生抽、鱼露等调制而成的汁料，让捆粄吃起来更有滋有味；打包的话则不浇调料，只会将捆粄一条条地装在一个个为粄度身定做的塑胶袋里，以便顾客携带。与腌面配煮汤不同的是，客家人吃捆粄的时候喜欢喝炖盅，如田七炖乌鸡汤、猪肚鸡汤、苦瓜排骨汤等。

捆粄（李焜、陈航摄于梅州“丰顺汤西捆粄”店）

通常，制作捆粄的小店也会同时售卖肠粉。肠粉虽然不是客家人的发明，但客家的肠粉较有特色，经济实惠。肠粉的制作原理与捆粄类似，所不同的是使用的馅料不是事先就准备好的熟食而是生食。在制作的时候，先舀出一勺子米浆，将其平铺在锡盘上，再用汤匙将调好味、拌有料的猪肉压扁并均匀地铺开，然后将生鲜鸡蛋破壳、倒入蛋白和蛋黄，调匀后一同塞进炉中炊熟。数分钟后便可以将锡盘抽出，直接用刮片在盘面将半成品的肠粉切割成几段，然后撩起，叠放在餐盘上，撒点葱花和虾米，最后浇上汁料（与堂食捆粄所用汁料完全相同）便大功告成。客家肠粉鲜滑爽口、皮嫩汁香，与炖盅同食，也是相得益彰，令人回味无穷。

梅县肠粉（陈航　摄）

顺便一提，在福建客家地区有一种和捆粄相似的粄叫作簸箕粄（又称“汤皮粄”），它是一种粳米加工食品，又名“汤皮粄”，其原料是优质的粳米加馅料（包含豆干、虾米、猪肉丝、香菇等），主要流行于龙岩市武平、上杭等县的客家庄。据说，闽西客家人以前习惯用竹制的簸箕蒸粄皮，因粄皮蒸好会稍微浮出簸箕面，故取名为“簸箕粄”。传说民国时期武平城北有一家人的簸箕粄做得特别出色，他就是人称“点心三杰”之一的李太元生。李家的簸箕粄具有香、韧、快、净等特点，深受食客欢迎，有关他的一些传说在当地至今家喻户晓。

武平簸箕粄（图片来源：百度百科）

（五）粄皮

粄皮即用米浆蒸熟的皮，把它切成条状即为粄条，客家的粄条相当于广府的河粉、潮汕的粿条。因嫩滑爽口、口感独特，粄条广泛用于各类美食的制作。不少客家人认为，粄皮和粄条本质相同，在日常口语中没有必要刻意区分，所以大多数情况下粄皮就是粄条的意思。不过，市面上出售的粄皮和用来制作肠粉、捆粄所使用的粄皮有所不同，做得明显厚实许多，这是使用了较为大量的米浆的缘故。

粄皮的吃法有很多种。最简单的是把它捆卷成筒状，蘸着酱油吃，抑或蘸一种用“金不换”、蒜蓉等制成的油味料，风味更佳。又或者把粄皮当成米粉和面条，或腌或煮或炒皆可。

但要说最美味的粄皮，还要数丰顺的“粄汤”（类似于潮汕地区的“粿汤”)。粄汤用料丰富，制作也比较讲究：首先，要准备好用老鸭、猪骨等熬制好的汤底以及牛肉、牛杂、肉丸等肉料；将粄皮均匀切成条状，放进沸腾的水里涮一下，看到有些松软了就转盛到大碗中去；往碗中滴些蒜头油、鱼露等调料，再添点香菜，最后再注入汤底，一碗香喷喷、爽滑滑的粄汤才算大功告成。

丰顺粄汤（陈航、李焜　摄）

（六）黄粄

广东平远、兴宁以及福建武平等客家地区流行一种黄灿灿的粄食，名曰“黄粄”。黄粄颜色鲜艳，具有健脾消食的功效，筋道而美味，非常适于小炒，配以猪肉、鱿鱼、香菇、虾米、韭菜等，香气诱人。又或者，把黄粄切成块状，当成小吃，蘸以白糖或者酱油，也别有一番风味。

平远黄粄（罗鑫摄于梅州市五指石农家菜馆）

据介绍，客家人制作黄粄只在“交春”（即立春）以前进行，这是因为“交春”以后水质会产生变化，用变化后的水做出来的黄粄口感欠佳。黄粄由“黄粄水”混“禾米”（禾米是客家地区常见的一种粳米，它不同于糯米，常被客家人用来酿酒）而成，制作工序较多，费时较长。

制作“黄粄水”需要先把杨梅树的树枝和干燥的布惊树叶一道燃烧成灰烬，然后用干净的布将烧好的“黄粄树灰”（草木灰）包好，放进箩筐内，用大锅焖煮两至三个小时，直至析出“黄粄水”（碱水），再将其浇入禾米中进行搅拌。之后进行晾晒，待干燥后再回锅蒸煮。最后，将蒸熟的禾米饭取出，放入石臼中捶打约一个小时，直到饭团彻底胶着化。在制作黄粄的过程中，还要添加茶油，这样做出来的黄粄才更香。

做黄粄（李佳韦　提供）

从字面上看，“黄”常用来形容事情失败或计划落空，但这是普通话的理解，客家人从不这么认为。不但如此，“黄”反而因为与“王”、“旺”谐音而备受客家人尊崇。毕竟，黄色原本代表贵族，象征王者风范、荣华富贵。因而，黄灿灿的黄粄也就特别受到客家人尤其是商人的欢迎——试想，哪位做生意的老板不希望自己财源广进、黄金万两呢？说得俗一点，这“黄粄”很容易就让人联想到“黄金”和“老板”两个词。

（七）清明粄

客家地区民风淳朴，人民大都勤劳节俭、忠厚老实，这与客家族群崇文重教、厚古敬先的传统观念有着密不可分的关系，也恰好印证了古人所说的“慎终追远，民德归厚矣”。走进客家地区，尤其是乡镇，我们不难发现宗祠的存在，其中既有明清时期保留下来的古建筑，也有改革开放以后兴建的新祠堂，不论新旧，一座座都气势恢宏、熠熠生辉，仿佛向外人宣示着这个家族显赫的历史及其子孙后代对先祖的虔诚敬意。不仅如此，在客家传统建筑围龙屋里，列祖列宗的牌位总是被庄严有序地陈列在房屋“上堂”最中央的位置；最新修订好的族谱也总是被摆放在客家人书房中最显眼的地方，以便后人可以随时查阅，全面了解本族的过去与现在。

客家人慎终追远的文化还体现在粄食当中。这是一种应节小吃，因为只有在清明节前后才上市，称为“清明粄”。清明粄由青草汁（将白头翁、苎麻叶、艾草、鸡矢藤、莘菜等多种青草除梗、洗净、煮熟后捶捣成汁）混合糯米面（含适量大米）蒸成，一般做成饼状、甜味，也有做成“咸粽子”一样的，内包荤素搭配的熟料。

清明粄（罗鑫　摄）

因粄色呈“青”（黑色），也有人称清明粄为“青名粄”。“名”可以有两种解释，一是“明”字的另一个发音，二是这种粄饱含今人对故人难以“名”状的深深的思念。

客家人相信，食用包括清明粄在内的“孝敬”过祖先和神灵的祭祀食品之后便能够获得上天的祝福与庇佑。所以以前在不少地方，清明粄必须在清明节“祭地”活动结束之后才能分发给众人享用。所谓

“祭地”（“祭”读作 Sai），就是扫墓的意思。在古汉语中，“祭地”有两层含义，一是表示“祭祀的地方”（见《战国策·东周策》：“赵取周之祭地，周君患之”），二是指代“祭祀地神”。（见《礼记·祭法》：“燔柴于泰坛，祭天也；瘗埋于泰折，祭地也。”）实际上，在客语中，“地”就有“坟墓”的意思（客语“做地”指的是选址造坟）。而且客家地区流行伯公信仰，通常客家人会在主坟旁建造一个小坟，用来祭祀“土地伯公”，即地神。“祭地”的时候，会在祭拜祖先的同时也祭拜“土地伯公”，献上鸡、鸭、鱼、猪头、猪肉、清明粄、茶、酒等祭品，以示虔敬。

可能有读者好奇，“祭”在客家话中不是读作“Ji”吗，为什么又读作“Sai”？其实，这“祭”本身就是一个多音字，例如在普通话中，作为姓氏时读作“Zhài”而不读“Jì”。“Sai”这个读音是有根据的：从“纵向”看，《广韵》对“祭”字的注音为“侧界切”，《正韵》的注音则是“侧卖切”；从“横向”看，日语音读时“祭”就读作“Sai”（日语同样深受古汉语影响，其汉字音读发音被称为“域外方音”，有较大的参考意义）。

客家人制作清明粄，除了用来祭地拜祖外，还有其他方面的原因。例如，民间认为，只要清明节那天吃了清明粄就能驱邪避害，保佑全家一年无病无灾。而从现实层面考虑，寒食、清明前后客家地区的湿气很重，吃清明粄有一定的除湿保健功效。

（八）笋粄

梅州大埔被誉为“中国小吃名县”、“广东客家美食名县”，在大埔众多特色小吃中，笋粄首屈一指。据说笋粄的发明是因为受到饺子的启发，所以有人认为笋粄是客家粄食中最典型的、中原饮食文化色彩最为浓厚的风味小吃之一。从外观上看，笋粄的确比酿豆腐更像饺子。

笋粄皮滑鲜嫩、馅脆汁香。与饺子相比，它的皮更为透亮、厚韧，用木薯粉制成；馅料则由剁碎的竹笋、香菇以及炒熟的猪肉等混合而成。吃笋粄的时候，蘸点沙茶粉味道更佳。最近几年，客家地区还兴起了没有笋的笋粄，如豆干猪肉馅的、蟹肉馅的、海参馅的、鲍鱼馅的，高低贵贱，应有尽有。从这点上看，笋粄完全就是“包罗万馅”的饺子了。

笋粄（梅州“瑞园”提供）

在客家话中，“笋”虽然也与“损”谐音，但是“损”是远离客家人口语的一个词，在表示“亏损”的时候，客家人只会说“折”。“折”是个入声字，与“舌”谐音，为趋吉避凶，客家人一般称“猪舌”为“猪利”（也作“猪脷”）。

实际上，在客家人看来，与“笋”谐音的只有一个字——“顺”。“顺”的意思不言自明，“一帆风顺”、“顺风顺水”、“一切顺利”等都是中国人耳熟能详的吉利话。所以，“笋粄”也就是“顺粄”，是能带给人们好运的一种美食，当然受到老百姓的喜欢。

（九）忆子粄

很多粄都有故事，但不是每一个有故事的粄都会因故事而得名，唯独“忆子粄”例外。

忆子粄为乳白色，造型别致，像方形的小茶杯，除头部露出外，粄的四周都被箬叶包裹得严严实实。忆子粄的皮十分厚实，因为用糯米制成，口感黏韧。粄里头包有炒熟的猪肉丁、豆干、香菇、虾米、蒜白等丰富的馅料，口味咸香。

忆子粄（罗鑫摄于梅州“瑞园”）

传说在明末清初的时候，大埔县茶阳镇有一位贤良淑德、勤劳能干的客家妇女，人称阿松姨，因为擅长制作各类粄食，在地方上小有名气。她做出来的粄不仅新鲜美味，而且样式新奇、极具观赏性。阿松姨有一个爱子名叫阿根，从小就喜欢舞刀弄棒。虽然调皮，但在妈妈面前还算乖巧，而最令阿松姨感到欣慰的是，这孩子天生就有强烈的正义感和过人的武艺。

机缘巧合之下，长大成人后的阿根有了保家卫国，跟随“国姓爷”郑成功一道渡海赴台湾驱逐“红番”（荷兰殖民者）的机会。阿松姨虽然舍不得儿子走，但终究是个深明大义之人，临行前塞给阿根从小到大都最爱吃的一种“箬叶粄”，并千叮咛、万嘱咐他务必注意安全，早日归来。天真烂漫、血气方刚的阿根自信满满地答应母亲：不用几年，一定毫发无损地衣锦还乡，圆自己一个英雄梦，光耀门楣。望着阿根远去的背影，阿松姨笑了，眼里却噙着泪花……

所谓“爷哀思量子女就长江水”（客家俗谚，意为父母对子女的爱有如长江之水滔滔不绝），自打阿根离开家门后，阿松姨便过起了牵肠挂肚的日子，她不求儿子建功立业，只祈求他能早日平安回家。然而，一年过去了，五年过去了，十年过去了，却依然不见阿根回来，甚至越来越难打听到他的消息。用一首诗来描述阿松姨的心情就是：“忆子啼猿绕树哀，雨随孤棹过阳台。波头未白人头白，瞥见春风滟滪堆。”［（唐）郑谷《下峡》］

然而，每当感觉希望落空的时候，阿松姨都会在与儿子朝夕相处的美好回忆中找回动力。日复一日，年复一年，她始终坚信阿根依然活着，而且很快就会回到自己身边。为此，每天吃饭的时候，阿松姨都会刻意多备一副碗筷和多做一盘儿子最爱吃的“箬叶粄”，随时准备迎接他的归来。

终于，“皇天不负有心人”，在第三十个年头的中秋之夜，阿根真的回来了！这对时隔数十载再聚首的母子一时竟无语凝咽，相拥而泣，泣不成声。当阿根从白发鬓鬓的阿松姨手中接过“箬叶粄”的时候，在场的所有人都为之动容，纷纷潸然泪下。茶阳人为了纪念阿松姨伟大的母爱，便将她发明、制作的“箬叶粄”改名为“忆子粄”，简称“忆粄”。

（十）甜粄

很多粄都是甜的，但不是每一种甜的粄都可以叫作“甜粄”。原味的甜粄色如巧克力，柔韧香甜，蒸熟后煎炸一番口感更佳，是客家人在春节期间食用的一种粄，有其特殊的文化含义。就像端午节吃粽子是为了纪念伟大的爱国诗人屈原一样，春节期间吃甜粄也是为了纪念古代的一位人物。只不过，这个人物从一开始就充满神话色彩，是所有客家人乃至中国人心目中独一无二的女神，她就是“东方的雅典娜”——女娲。

传说盘古开天辟地、女娲抟土造人之后，洪荒未开的世界才开始有了一片生机。然而，好景不长，“水火不容”的事情发生了——水神共工和火神祝融因为闹矛盾而大打出手。盛怒之下，共工奋力地向不周山撞去，结果擎天柱轰然折断，天崩地裂，到处燃起熊熊烈火，洪水亦从地表喷涌而出，毒蛇猛兽疯狂肆虐，民不聊生。此情此景，女娲全都看在眼里，痛在心里，“于是炼五色石以补苍天”（见《淮南子·览冥训》）。最终，在女娲的帮助下，天空的漏洞被修复了，天下恢复了太平，老百姓又过上了安居乐业的幸福生活。

客家人相信，每年农历正月二十日就是女娲的生日，同时也是她炼石补天的日子，所以这一天叫作“天穿节”（也叫“天穿日”）。古时候，每到这一天，客家农民都会放下田间地头的所有工作，停止上山打猎、下河捕鱼，家家户户其乐融融地围坐在一起吃甜粄，把酒话桑麻。与此同时，象征性地向着天空抛几块甜粄到屋顶，以此“补天穿”，表示不忘女娲的恩情并祈求她的祝福。

“补天穿”是客家人对古代中原传统文化的继承，这一风俗可以上溯到晋朝。在晋人王嘉的《拾遗记》中有“江东俗号正月二十日为天穿日，以红缕系煎饼置屋上，谓之补天穿”的记载。到了宋代，“补天穿”的传统基本固定下来，北宋思想家李觏就曾有诗云：“娲皇没后几多年，夏伏冬愆任自然。只有人间闲妇女，一枚煎饼补天穿。”（《正月二十日俗号天穿日以煎饼置屋上谓之补天感而为诗》）又，史称“明代三大才子”之首的杨慎在其著作《词品》中介绍说：“宋以正月二十三日天宰日，言女娲氏以是日补天。俗以煎饼置屋上，名曰补天。”

蒸甜粄（罗鑫　摄）

站在历史的角度考虑，传统社会制作、食用甜粄一定程度上就是国泰民安、风调雨顺的象征，将少许甜粄抛到屋顶的做法非但不与客家人勤劳节俭的精神相违背（毕竟这是一年一度甚至几年才有一次的感恩行为，粄的量也不多），反而衬托出客家人常怀感恩之心，懂得与自然分享的善良品性（甜粄置于屋顶，多半为虫、鼠、鸟类食用）。

随着居住环境的改变，现在传统的“补天穿”的方式已经越来越难见到，但客家人并没有忘记“女神”的存在。可以说，农历正月制作并与亲朋好友、左邻右舍分享甜粄，本身就是最适应现代生活的一种“补天穿”的形式。

（十一）藠粄

藠粄，俗作“荞粄”，咸中带甜，香脆可口。因为“藠”字的写法太过繁杂，大部分客家人乃至广东人都习惯简写为“荞”。久而久之，很多人都不知道“藠”是什么了。

实际上，荞是一种一年生草本植物，柄长，叶呈心形，花色为白色或淡红色；藠学名叫作“薤”，俗称“火葱”或“野蒜”，属多年生草本植物，叶长，地下有鳞茎，花色为紫色。

藠粄（罗鑫　摄）

藠（即“薤”）很早就为古人所认识与食用，如《黄帝内经·素问》就记载说：“五谷为养，五果为助，五畜为益，五菜为充，气味合而服之，以补精益气。”其中的“五菜”就包括“薤”、“葵”、“藿”、“韭”、“葱”等五种植物。

科学发现，藠头含有大蒜辣素，不仅能消炎杀菌、帮助消化、促进血液循环，还有帮助降低血脂、血压等特殊的功效。客家人除了会将蕌混薯粉做成粄外，还喜欢腌制蕌头，用来“绑粥”（配粥）。

（十二）仙人粄

仙人粄是粄中异类，虽然它也叫“粄”，但它不属于粄食。实际上，仙人粄是一种凉粉凝胶类的食品，用盛产于粤东地区的“仙人草”混合薯粉熬制而成。之所以叫“仙人粄”是因为只需少量的仙人草便可做出大量的粄，客家人认为这有如仙人施展了魔法一般神奇。加上仙人粄是盛夏的美食（所以有的地方也叫“仙人冻”），冰镇过后口感最佳，在炎炎夏日吃起来有如神仙般快活。实际上，夏天特别是入伏以后吃“仙人粄”是客家地区的传统习俗，不管在大街小巷还是农村城镇，随处都可见这种饮料兼食物的身影。因为价格便宜，小贩售卖仙人粄往往以“托”和“砖”为计量单位。

做好的仙人粄有如“黑色啫喱”，食用时可取适量放于杯子或饭碗当中，用小刀搅碎后，倒入“香蕉露”（一种糖浆）或蜂蜜，吃起来甘甜爽滑，还伴随有仙人草特有的清香。仙人粄既能充饥解渴，也有助于清热消暑、促进消化。清乾隆《嘉应州志》（卷一·舆地部·物产·草之属）载曰：“仙人草，熬汁入面为糕，可解暑。”这里所说的“糕”，就是“仙人粄”。可见，客家地区食用“仙人粄”至少已经有两百年的历史了。顺便一提，潮汕地区也有类似于“仙人粄”的一种食物叫作“草粿”。不过，“草粿”多为热食，而客家仙人粄是越冷越好吃。

仙人粄（李焜　摄）

（十三）溜镬粄

溜镬粄是颇具特色的一种粄食。从名称上解释，“溜镬”就是“顺着锅的边缘滑下去”的意思。也就是说，“溜镬粄”的命名基于它制作过程中最有特色的一个环节。

梅县丙村的溜镬粄比较有名，分咸、甜两种口味，原料都是面粉和鸡蛋，只不过做成咸的需要放盐、鱼露和葱花，做成甜的则只需要放适量白糖就可以了。在调制面粉的时候，一般咸的用冷水即可，而甜的则需要用沸水调制，这样白糖才会更加快速而全面地溶解。制作溜镬粄有个很重要的准备工作就是要在下锅之前把锅充分热一遍，如果不这样做的话，调好的面粉就无法从锅边顺利“溜”下去。下锅的时候，需要一手持锅柄，使之略微倾斜，一手舀起一勺子面粉浆，在锅的边缘点一下，让它朝着锅底方向“溜”下去。面粉浆初具形状后需要不停地用勺子往它身上浇油。待面粉浆熟透后，它自己又会自动地“溜”进油锅里去。这时再用筷子夹住翻转几遍，差不多便可以出锅了。和大多数粄一样，溜镬粄也要求现做现吃。

溜镬粄（李佳韦　摄）

（十四）算盘子

客家人崇尚精打细算、勤俭节约的生活。每逢大年初七（俗称“人日”），家家户户都有吃“七样菜”的传统。具体吃哪七样菜坊间并没有统一的标准，但“蒜”是必不可少的。从文字层面考证，古时候“算”写作“祘”，与“蒜”只相差一个草字头，而这个“艹”正是蒜本身。因而，客家人相信，想要会“祘”（更会过日子），就得多吃“蒜”。

生意人精打细算到一定程度，就是名副其实的老板了。老板，旧时又叫“掌柜的”。在老电影中，掌柜的留给观众的印象总是戴着一副老花镜、留着八字须、穿着一身长袍马褂，站在柜台上哗啦打着算盘，噼里啪啦地核计这一天的收入。

在客家地区，不仅做“板”的有算盘，做“粄”的也有“算盘”——毋宁说后面这种“算盘”本身就是一种“粄”，人称“算盘子”（有的地方叫作“金钱粄”）。

算盘子珠圆玉润，口感筋道，软韧耐嚼，佐以猪肉丁、碎香菇、木耳、豆干、葱花等清炒，分外芳香。再用黄瓜片、胡萝卜片、花瓣等装饰、点缀一下，更添美观、雅致。

炒算盘子（罗鑫摄于梅州“瑞园”）

之所以有“算盘子”这样的名字，是因为这种粄的大小和形状都酷似算珠，给人一种强烈而又似曾相识的视觉、听觉冲击——“大珠小珠落玉盘”。

传说算盘子发明于清朝乾隆年间。当时，有一个大埔人在皇宫里做御厨，他不仅厨艺高超，更善于思考、敢于创新，是个内秀的人。得知乾隆皇帝有段时间特别爱吃芋头，为讨皇上欢心，同行们纷纷绞尽脑汁、想方设法地做出各种美味的芋头菜肴来，唯独大埔厨师毫无反应，一如往常地做些不起眼的家常菜。为此，同行们纷纷取笑他不识时务、反应迟钝。每遇此情况，大埔人总是笑着说道：“山人自有妙算。”

终于有一天，大埔厨师做出了一道所有人都没见过的菜——一盘形似算珠的“丸子”，准备献给皇上。负责掌管宫中餐饮的太监阻拦道：“你这是什么?！皇上说了，和芋头无关的菜，今儿个一律不吃。”大埔厨师答曰：“这正是我用芋头做成的美食。”太监听罢，勃然大怒：“好大胆的厨子，竟敢胡说八道！你这是欺君犯上，懂吗?！这分明是丸子，哪来什么芋头?！”大埔人谦卑地说道：“公公息怒。您且尝尝就知道了。”这太监是个吃货，在好奇心和饥饿感的驱使下，将信将疑地用筷子夹起一粒，试着尝了一口，顿时笑逐颜开，转雨为晴：“妙！妙！还不赶紧给皇上送去！”果不其然，乾隆皇帝对这“丸子”赞不绝口，饭后特意召见大埔厨师一问究竟。原来，大埔厨师的做法是先将芋头磨成粉，然后混木薯粉加水拌匀，揉成团状，蒸煮成形，最后再入锅炒熟。乾隆听罢大埔厨师发明这道菜的原委后龙颜大悦，当众表扬了他的才能和品德，并擢升其为大厨。若干年后，大厨告老还乡，回到了大埔老家，也把他发明的这道“算盘子”带了回来。

（十五）鱼头煮粉

晚上八点以后走在梅城的大街小巷，几乎随处可见“鱼头煮粉”的灯箱广告，这些广告虽然光彩夺目，但大都做得非常简朴，字体和颜色也都大同小异。不知情的外地游客，常误以为这是名为“鱼头煮粉”的经济型快餐连锁店。因为不仔细看，还真看不出这一家与那一家的区别在哪里——因为店家大都把店名和联系电话写在灯箱上不太显眼的位置，唯独“鱼头煮粉”四个大字必须够大够醒目。

鱼头煮粉（李焜　摄）

其实，“鱼头煮粉”是一道粉食，它的原料是草鱼。客家人很早就发现，用草鱼熬出来的汤，颜色格外纯白，味道非常鲜美，用来煮米粉最适合不过。因而“鱼头煮粉”其实就是“草鱼头汤粉”。一份鱼头煮粉的“标准

配置”是：数两米粉、半侧鱼头、一条鱼尾、两块鱼肉、三粒鱼丸，再佐以几片白萝卜、若干姜丝儿和芹菜。如果觉得不过瘾，还可以加料，添上鱼肠、鱼泡等。

本来，鱼头熬完汤就可以扔掉了，鱼尾更全是骨头，“食用性”极低，但客家人偏偏要把它放进米粉之中。究其原因，除却增添些许美味外，更重要的是寓示人们做事要有头有尾、善始善终。

（十六）鱼散粉

鱼散粉（罗鑫　摄）

鱼散粉是梅县松口的特色美食。“散”在客家话中有“碎”的意思，所以“散钱”客家人叫作“碎纸”。因此，单从字面上理解，“鱼散”就是鱼肉碎渣的意思。通常，用来做鱼散的都是鲮鱼。鱼散的大概做法是：取重3斤左右的鲮鱼，洗净、宰杀之后剁鱼头、去鱼鳞、剔中骨，将鱼肉剁成酱，加姜丝放进油锅中爆炒，直至鱼肉呈金黄色。鲮鱼因为肉质较为甜美，有一定的黏度，炒熟之后会变成粒状散开，这散开的鱼肉粒即为“鱼散”。

在客家话当中，“鱼”与否定词“毋”（俗作“唔”）谐音，因而“鱼散”就是“毋散”的意思，象征不离不散、家族团圆。加上鱼散本身带有甜味，再配上同样甘美的酒糟以及鲜脆的包菜，使得米粉变得异常美味的同时，也让整个空间弥漫着一股诱人的芳香。

（十七）横陂小炒

说起横陂，可能很多读者都会感到陌生。但要说起李惠堂，恐怕没有几个人不知道。其实，横陂就是“世界球王”李惠堂的故乡，隶属于梅州市五华县。据说，香港艺人曾志伟结婚时，为他做证婚人的正是他同乡的“叔叔”——球王李惠堂。

除球王外，美食也是横陂的一张名片，其中又以“横陂小炒”最具代表性。说是小炒，实际上用料相当丰富，包括粉丝、鸡胗、猪杂、腐竹、豆干、木耳、香菇、咸菜、萝卜丝、大蒜等材料。不仅如此，在制作的过程中，还要添加猪骨汤、鸡汤等事先熬制好的汤汁，十分讲究。

横陂小炒（陈航、李焜摄于梅州生辉餐馆）

据说横陂小炒诞生于民国时期。说是某一年春节，漂泊在外的游子们如往年一样，陆陆续续回到横陂老家与亲人团聚。为了给他们接风洗尘，乡亲们早早就准备好了丰盛的饭菜。然而，当时交通极为不便，也没有及时有效的通信手段，由于途中出了点小状况，等游子们回到家时已是深夜时间，做好的饭菜早就凉了。那时没有电磁炉，也没有微波炉，将饭菜逐盘翻炒加热既费时费力又严重影响到左邻右舍的休息。如何在尽量不给自己也不给邻居增添麻烦的前提下让游子们吃得又热乎又丰盛呢？聪明的横陂人很快想到“一镬熟”的办法，即从每一道美味的菜肴里拈出几样来，配以家乡特有的南薯粉丝炒成“大杂烩”。也不知道是否因为使用了代表家乡味道的南薯粉丝的缘故，原本作为权宜之计的“小炒”后来慢慢成为横陂游子返乡时首先要吃的一道菜，以此庆祝平安到家、合家团圆。

（十八）腌面

“腌”是客家菜中最为重要而常见的一种烹饪方法。简言之，将食物焯熟后直接用油、酱料拌匀即为腌。腌牛百叶、腌牛肉、腌油麦菜等都是非常有名的客家菜，但最经典、最实惠的还是腌面。腌面是拌面的一种，它的发祥地是梅县。

据说腌面由“红味面”演变而来，“红味”前文已经介绍过，就是“味窖粄”所用的调味料。“红味面”吃起来甜而不腻、口齿留香。现在梅州城区还有几家坚守传统，专门做红味面的老铺存在。相比红味面，腌面的用料更为丰富，香味也更为浓郁。腌面的酱料由猪油、生抽、鱼露等调制而成，调好后先放进碗中，然后把面放进篓子里用沸水焯熟，沥干水分后倒入碗中趁热拌匀即为腌面。面腌好后可以根据个人的喜好撒点葱花、炸过的蒜蓉（客家人称“炸蒜仁”）或猪油渣等配料。值得注意的是，通常只有湿面即生面才适合做客家腌面，调料方面也有讲究，必须使用猪油，否则没有香味。除腌面外，客家人还喜欢腌粉、腌粄皮、腌老鼠粄等，做法大同小异。

腌面（李焜　摄）

一碗腌面配一份肉汤，是现代梅州客家人早餐或宵夜的标准配置。肉汤的肉不外乎猪肉、猪肝、猪粉肠、捶丸和牛肉几种，肉汤的菜则比较多选择，有枸杞叶、红背菜、苋菜、生菜、香菜、番茄、咸菜等，食客可以自由选择搭配。有趣的是，客家人称“配”为“绑”，“打帮共产党，食饭有菜绑”（幸亏有共产党，老百姓的饭桌才日渐丰盛起来），是老一辈客家人感激改革开放时经常念叨的一句话。

在吃法上，腌面没有过多讲究，但须趁热吃，因为一旦冷却，猪油便会凝固，面条就要打结，其口感会减色不少。

以梅县为中心，腌面现在已经辐射到客家地区的各个角落。各地腌面虽系出同门，但各有特色。如梅县人吃腌面喜欢放些蒜蓉和葱花，大埔人则喜欢加一茶匙的肉丁另加两片生菜，蕉岭人更独具创新意识，发明出极具特色的鸡肉腌面。

（十九）鱼焖饭

鱼焖饭味道鲜香，是梅县石扇镇的传统特色饭食。其原料是鲜活生猛的鲩鱼、农家香米、花生油、黄土生姜和香葱。由于古法鱼焖饭多用农家大锅焖制而成，所以又名“大镬鱼焖饭”。

通常人们煲饭使用的都是清水，鱼焖饭则不然，它是以新鲜的鲩鱼血，加以适量的山泉水焖煮而成，质朴天然。所以“鱼焖饭”的意思是鱼血焖饭，而不是鱼肉焖饭。

制作鱼焖饭大概需要四个小时的时间。在制作过程中，为去除鱼血的腥味，需要添加一种用“金不换”、姜丝、香葱、猪油等调制而成的酱料，这种酱料能对鱼焖饭的口感起到“画龙点睛”的作用。

鱼焖饭（陈航、李焜摄于梅州小馆子饭店江南店）

鱼焖饭不仅营养丰富、口感特别，还具有补血补气、温中补虚、健脾暖胃、平肝利肾等功效，深受客家人的欢迎。旧时想要吃上一碗香喷喷的鱼焖饭，必须等到八九月份农忙结束的时候，而现在一年四季都有鱼焖饭供应，且更多是以一种商务套餐的形式存在。一碗鱼焖饭配上一两碟小菜、一例瓦罐汤，既鲜香美味又经济实惠，恰好印证了客家人勤俭节约、朴实无华的品性。

（二十）菩米粥

老一辈客家人常说：“盐捞粥，香鸡肉。”这并不是对稀饭的赞美，而是苦中作乐的表现。旧时，客家山区生活条件比较艰苦，不少人一年下来吃得最多的主食就是稀饭（要不就是番薯）。最艰苦的时候，有的人可能连青菜都吃不起，只好用食盐捞白粥，凑合着咽下肚。也许是这样贫苦的日子持续时间太长了，“粥”在部分客家人心目中逐渐成了“贫苦”的象征，是不得已而“食”之的食物。故而客家的爷爷奶奶在教育子孙时，总是会说：“定摆食粥食饭时就看汝自家矣哟。”（将来是喝粥还是吃饭就看你自己了）其言外之意，是“食粥”意味着平庸而贫苦的生活，“食饭”则代表有出息、衣食无忧。

尽管如此，有一种粥却是客家人比较爱喝，也是客家地区才比较常见的，这就是用菩米煲出来的“菩米粥”。据考证，福建上杭、古田、蛟洋、溪口、永定等地在过去最盛行吃菩米粥，但现在习惯吃菩米粥的主要集中在粤东北五华县一带，尤以长布镇的最为有名。

菩米粥（图片来源：百度百科）

需要解释的是，菩米并不是什么大米的品种，所以不是直接栽培出来的，它是熟米，用刚脱粒的湿谷倒入锅中煮沸到谷壳破裂，捞起晒干后砻、碓而成。菩米呈黄褐色，看起来比生米（收割的稻谷未经煮制直接去壳而成的大米）粗大，口感略硬。“菩米”在以前多写作“焨米”或者“浦米”，之所以改称“菩米”，一是因为菩米本身的功效——据介绍，常吃菩米有助于健脾强胃、驱寒祛湿、降血糖和防治脚气病；二是客家地区流行菩萨信仰，乡民认为熟米的发明乃拜菩萨所赐，加上“菩”与“焨”同音，遂有此名。

菩米（图片来源：百度百科）

通常，制作菩米需要在天气晴朗的日子进行，要经过“浸谷”、“焨谷”、“晒谷”、“碾谷”等几道工序，历时 2～3 天。所谓“浸谷”，就是将谷倒进沸水腾腾的大铁锅里，保证所有谷都浸泡在开水中，然后盖上锅盖；“焨谷”指的则是等铁锅里的谷膨胀即水分被谷吸干后，交换顶层与锅底的谷，同时加 2～3 勺水并加热，直至谷壳裂开；至于“晒谷”，就是把煮好的谷拿出来摊到“禾厅”去暴晒；“碾谷”就是把晒干的稻谷去壳。

四　佐餐之食

如果说盐焗鸡、酿豆腐、梅菜扣肉是“客家（饮食）三宝”、传统待客之食的话，即么（娘）酒、（水）果、茶（叶）则为客家人日常宴席上必不可少的佐餐之物。

（一）客家娘酒

俗语有云：“无酒不成席。”酒是客家饮食的重要内容之一，饮酒不仅有益健康，还能消愁解忧、添欢助兴。对于热情好客的客家人而言，酒更是表达情谊不可或缺的饮品。自古以来，客家地区出产的名酒品种不少，白酒类有赣州的章贡王、五华的长乐烧、平远的南台酒等。特别值得称道的是，“国酒”之一的泸州老窖也是由祖籍五华的温氏家族一手打造而出的。红酒也是现代客家人酷爱的酒种之一，最先将红酒引入中国，同时让中国的红酒走向世界的同样是来自梅州的大埔客商张弼士。

客家地区的酒风虽然不甚刚烈，但几乎每一个客家人都是喝酒长大的。这是因为，客家妇女坐月子时几乎天天都要吃“鸡子酒”——一种用黄酒、雄鸡、姜片煲制而成的美食。（黄香铁《石窟一征》曰：“俗妇人产后月内，必以雄鸡炒姜酒食之，盖取其去风而活血也。”）鸡子酒有很多功效，其中一个就是催乳。客家宝宝每天都吮吸着母亲甘甜的乳汁，而乳汁又从鸡子酒而来，故有此说。

鸡子酒所用的黄酒是客家地区的特产，名叫娘酒（有的地方也叫老酒），用糯米特制而成，呈黄褐色，度数不高，一般在 10 ~ 15 度之间，以热饮为佳，口感甘甜，有点类似于绍兴黄酒，但又有明显差别。在众多种类的酒之中，唯有客家娘酒流行于整个客家地区，享誉中外。

娘酒极具营养价值，除催乳外，还具有祛风补血、美肤养颜、舒筋活络等功效，有助于产妇在较短的时间内恢复元气。

客家娘酒（冯斌摄于梅州围龙屋星园酒家）

客家地区酿造娘酒的历史由来已久。清同治《赣州府志·舆地志》“物产”载：“赣俗不酿烧酒，止以糯米为酒。四时所酿，味薄者曰时酒；酿之冬月，为日久而水少，味极厚者曰老酒。”又，清光绪《嘉应州志·礼俗》称：“《舆地纪胜》：循州景物上有老酒；注云：市酤也，腊月酝之，用罂煨熟，历夏秋味全，呼为老酒。子由在循诗云，老酒仍为频开瓮。据此，则兴宁老酒，宋时已有名。吾州与接壤，故亦有冬至老酒之称。王《志》轶事，有梅州酒。注云：苏文忠公跋所书东皋子传云，绍圣二年正月十六日，方谈东皋子传，而梅州送酒者适至，独尝一杯，迳醉，遂书此纸以寄潭使君。又书东皋子传后云，南雄、广、惠、循、梅五太守，间复以酒遗予。又有酒子赋序云，南方酿酒未大熟，取其膏液，谓之酒子。今按，州中酒以人家久藏者为佳，谓之老酒。市酤味淡，谓之水酒。其作酒未炙者为子酒，即酒子也，味甜而易变。水酒亦不可留。唯老酒味厚者，稍能致远，当时梅守送公者必老酒也。仲和案，州中人所藏老酒，其可称者如此，知著名者不止循州也。”可见，至少在宋代，粤东梅州、兴宁、龙川一带就开始出产娘酒了。

客家有句和制造娘酒相关的俗语叫“蒸酒酿豆腐，无人称师傅”。

意思是，制作娘酒就像酿豆腐一样，即使是再有经验的人也不敢妄称师傅，随便教人。因为酿酒费时费力，其间不确定因素又多，稍有差池就容易把酒做成醋。自己都不敢保证每次都能酿好，怎么敢轻易教人呢？

据了解，酿造娘酒一般有三个重要步骤：①将选好的糯米洗淘、浸透后，放入大饭甑中隔水蒸煮 2 个小时以上，让米变成饭；②将糯米饭冷却，加入酒曲，置于酒瓮，使之在密闭的空间里自然发酵一个月左右；③将蒸好的酒倒入酒坛子，再加入红曲，点燃用秸秆、谷壳、木屑等堆砌成的燃料，把酒坛子放在上面，用文火慢煨一天左右，待湿冷之气彻底除尽为止，这个步骤客家人叫“炙酒”。一般客家人酿酒都在入冬以后冬至以前进行，因为天气寒冷，有时人们感到手脚有点冰凉了就会到酒坛子周边烤烤手、暖暖身子，谓之“炙手”。犹记得笔者小学第一次学习到“炙手可热”这个成语时，马上浮现在脑海中的就是梅县扶大农场外婆家火炙娘酒的场景。

客家人在酿娘酒前很看重日时的选择。根据梅州兴宁专业酿酒师傅的介绍，首先忌讳在二十一日下午五点至七点之间蒸酒，因为“二十一日”就是“廿一日”，下午五点到七点之间就是“酉时”，两个合在一起就是“醋”了。其次，以农历为准，每逢二、五、八的日子如初五、十八、二十二等日蒸酒利于发酵，不会变成醋，而且酒娘特别多、特别好，所谓“二五八，酒会发”。

有趣的是，为求顺利酿出美味的娘酒，不少客家人在进行酿酒的过程中习惯在酒瓮或酒缸的盖子上同时放上一本书和一把刀。放书是表示对“酒圣”杜康和“酒祖”仪狄的虔敬（《酒诰》载：“酒之所兴，肇自上皇，或云仪狄，一曰杜康。”），同时祈求庇佑；放刀的意思是驱邪避“黑”。“黑”在这里有两层含义，一个希望“醋圣”黑塔（即杜康之子）不要在酿酒期间前来“捣蛋”，把黄酒搞成黑醋；二是希望避开那些喜欢吃醋的人暗地里说的一些杂七杂八的闲言碎语——旧时，一般家庭酿娘酒那十有八九就意味着这个家庭有喜事临门。有时候，难免碰见一些见不得人好的人说些晦气的话。如果因为晦气话导致酿酒失败的话，那也就意味着做媳妇的营养会跟不上，营养跟不上就意味着体能难以恢复、出不了好的奶水，进而直接影响到宝宝的健康成长，影响到家庭的和谐稳定。所以为了让那些“小人”

暗地里说的那些不吉利的话没有效果，就放一把刀来镇守。顺便一提，容易“羡慕嫉妒恨”别人的人一般内心世界都比较黑暗，所以客家人专门用“妒”来形容“乌”（黑），曰“妒乌”。

娘酒也是越陈越香。酿好之后，随着年份的增加，娘酒的颜色会发生微妙的变化：“其酒藏三五年者，尚金黄色，至六七年外，皆转为紫玻璃色矣。饮之，极似苏州福贞酒，醇美异常，反觉酒力甚微。”（见《石窟一征》卷四《礼俗》）

娘酒除供人饮用、用来做鸡子酒外，还是客家地区宗族祭祀的重要信物。例如，在梅州，每逢清明节，家家户户都会备娘酒、三牲和香烛扫墓祭祖、缅怀先人。娘酒在梅州人眼中是美好的物品，他们尊祖敬神就是要把最美好的东西献给神灵祖宗。又，依照传统礼法，家里如果有小孩出生，则婆家必备公鸡一只、娘酒一壶、鞭炮一挂，前往娘家报喜，俗称“报姜酒”。（《石窟一征》：“初生子，必以姜酒送外家。”）在婚嫁中还有“暖轿酒”、“结婚酒”之说，小孩出生之日要做“三朝酒”，半月要“吃姜酒”，满月做“满月酒”，周岁要做“过周酒”，老人过生日要做“祝寿酒”。还有“毕业酒”、“栽禾酒”、“拜师酒”、“出师酒”、“上梁酒”、“圆屋酒”等，名目繁多，不胜枚举。不管哪种酒席，娘酒都是必不可少的。

把娘酒作为礼品馈赠，也一直是客家地区普遍的文化现象，特别是婚礼当中娘酒是女方回赠男方的重要礼品之一，女方将娘酒和其他礼品装在一起，用扁担挑送，俗称“送酒担”，而且所送的酒一般是由女方家庭亲自酿制而成的。唯有这样，才能体现真心诚意。

顺便一提，鸡子酒，也叫娘酒鸡或姜鸡酒，是客家菜的经典之作，香甜味美。除前面所介绍的催乳作用外，还具有活血舒筋、驱寒暖胃、补中益气等功效，是客家人尤其是客家妇女产后必吃的传统补品（有营养学家认为，如果是顺产的话在产后即可食用鸡子酒，如果是剖腹产的话则需等上半个月左右时间再食用为宜）。

今天的鸡子酒不再只是客家妇女的专利，也不再局限于产后食用，在客家人的婚庆、寿宴、庆功宴上也常能看见鸡子酒，深受男女老幼的喜爱。

鸡子酒的大概做法是：将姜去泥污、削皮后剁成末，用纱布挤压出姜水，倒进碗里；将纱布内的姜倒入油锅里炒至黄褐色，把姜从油

锅捞起，将油水滤去；取一只肥硕的雄鸡，宰杀、拔毛、去除内脏、洗净，切成大块，用过滤出来的油炒熟，铲起后用滤网把油滤去；把炒好的鸡块、姜渣、姜水等放入瓦煲中，加入客家娘酒和适量红糖煲煮；待煲好后，考虑到油脂太多，可以先冷却成常温，然后再放进冰箱的冰冻隔层；在低温的作用下，油脂会慢慢凝结成块，取出来后便可轻易地把油层去掉，这时，再把鸡子酒重新放入炊具内隔水焖煮即可。

娘酒鸡（梅州“瑞园”提供）

（二）茶与擂茶

1. 茶

“茶余饭后”是中国人表现其休闲的生活方式最常用的一个熟语。农耕社会是中国传承了几千年的社会生产生活形态。“吃了吗?”是老百姓见面用得最多的寒暄语，可见吃饭在国人生活中的重要性。由此而衍生出很多与吃饭相关的表达，最经典的是从计划经济时代一直到现在，人们在形容一个人有比较体面或者待遇、薪水较好的工作时，都会说某某人的工作是“铁饭碗”、“金饭碗”。将“茶”和“饭”相提并论，足见“茶”于中国人生活之重要意义。中国是礼仪之邦，招待客人酒是不能或缺的食品。“寒夜客来茶当酒”，可见茶在一定程度上也可以是酒的替代品。

在不少人的印象中，粤闽赣客家地区似乎没有什么名茶出产，例如2014年评选出的“中国十大名茶”分别是西湖龙井、洞庭碧螺春、黄山毛峰、庐山云雾、六安瓜片、君山银针、信阳毛尖、武夷岩茶、安溪铁观音和祁门红茶。考究上述茶叶的产地，无一出自客家地区。

然而，客家地区实际种植、生产茶叶的历史相当久远。早在宋代，汀州就已经是福建主要的产茶地之一，赣州茶叶则以赣县、于都、安远等地的出名，清同治《赣州府志》载曰：“茶，储山、九龙山、盘固山所产皆著名。古亨山茶，视龙岩稍逊，今亦不多产。”粤东方面，《惠州府志》中有长乐（今五华县）生产土茶的记载。根据地方传说，梅县阴那山灵光寺和大埔县西岩山西竺寺的历代僧人都有在寺庙前栽种茶树、加工茶叶的传统。明清时期，茶叶生产遍布全梅州，各地相继出现名茶产区，如梅县清凉山茶、兴宁县官田茶、五华县天柱山茶、丰顺县马图茶、大埔县西岩茶、平远县锅叾茶和南台茶、蕉岭县黄坑茶等地方八大名茶。1860年汕头被辟为商埠后，客家地区的茶叶成为外销东南亚诸国的热门商品，特别是清凉山茶香气清芳馥郁，汤色碧绿，清澈透亮，滋味甘醇爽口，深受广大消费者尤其是华侨的欢迎，享有盛誉。

悠久的历史积淀使得梅州地区的茶叶出产超越赣州、龙岩，成为著名的“单枞茶之乡”，广东省重要的茶叶生产基地。梅州现在出产的优质茗茶有金单枞、岩中翠玉、岩中玉兔、清凉山绿茶、马图绿茶、锅叾茶、石正云雾有机绿茶、客山红等，涵盖了乌龙茶类、绿茶类、红茶类三大茶品。

客家采茶人（梅州市国兴茶叶有限公司提供）

其中，乌龙茶又叫青茶，是一类介于绿茶与红茶之间的半发酵茶。它不仅是客家人的最爱，在日本还成为中国茶的代表，被看成是健康、美容的象征。

乌龙茶滋味醇爽、甘鲜，汤色绿黄明亮，有如琥珀。香韵持久，回甘力强，常饮能提神益思，有助于降解体内吸收的多余油脂。根据梅州“国兴”茶业的制茶师傅介绍，客家地区乌龙茶的基本制作流程是：采摘、日光晒青、室内萎凋、浪青、静置发酵、炒青、圆揉、毛茶。

“岩中翠玉”是客家地区知名的乌龙茶品种，产自梅州市大埔县西岩山麓。根据《大埔县志》的记载，西岩山麓属凤凰山系，位于大埔县枫朗镇，山的东部与南部面向潮州市饶平县。主峰海拔 1 256 米。西岩山山清水秀，云雾缭绕，土质松软肥沃，拥有得天独厚的自然气候和地理条件，非常适宜茶树的种植，所产茗茶嫩绿光鲜、甘醇清香，闻名遐迩。相传，古时候有人在东麓定居，恰好此山位于村的西面，故名“西岩山”。西岩山山体庞大，山上不仅有鬼斧神工的奇峰异石，还留下不少古迹。清道光二年的《广东通志》将西岩山列为广东胜景之一，称“名胜匹阴那，风景感神州”，有不少文人墨客登高远眺、题咏留名，例如将薄饼引入大埔的百侯名人杨缵绪的父亲杨之徐就曾在康熙年间留有诗云：“望到西岩不尽峰，连天翠色意何浓。一朝雷雨绕云气，却怪深山有伏龙。”

客家乌龙茶“岩中翠玉”（梅州市国兴茶业有限公司提供）

绿茶方面，清凉山绿茶是梅县乃至客家地区名气较大的茶种。梁伯聪《梅县风土三百咏》记载称：“清凉茶产有佳名，再数三台又石坑。”据史料记载，清凉山茶名始于唐宋，兴于明清。历代诗文对清凉山茶都赞誉有加。如清代兴宁文人有“云脚云头树几行，在山时已饱风霜。回甘有客思余味，解渴凭人涤热肠”的诗句来颂美清凉山绿茶的芳香馥郁。清凉山绿茶外形呈条索状，色泽银绿，茶汤清澈碧绿，芳香馥郁，食后口留余甘，极耐冲泡，具有降血压、防治坏血病、糖尿病等功效。除清凉山绿茶外，产自丰顺县的马图茶、平远县的锅叾茶也相当有名，其中锅叾茶又有上、中、下之分，各具特色，即所谓“上锅叾香甘、中锅叾滑甘、下锅叾苦甘”。至于红茶，因为是全发酵茶，口感甘甜，具有清热解毒、健脾暖胃、利尿解乏、延缓衰老等功效，更适宜不同年龄层的人饮用，也受到客家人的广泛欢迎。

总体而言，从饮茶的风气来看，客家地区尤其是粤东梅州一带可以说是中国茶文化最浓厚的地区之一。究其原因，可能是梅州相比赣南和闽西更近热带，山高林密，湿热多瘴，人易犯困或染上暑热之疾，而茶叶恰好具有清凉解暑，提神醒脑等功效，正好可以解除气候环境所致的各种病症。

值得一提的是，虽然种茶、喝茶不是客家人的专利，但是因茶叶种植而衍生出来的茶文化却是客家人的独创，从采茶歌到采茶灯一直发展到采茶戏，客家人将自己的生产生活场景从现实生活搬上了文化生活艺术的殿堂，将茶文化演绎到了极致。

在客家山歌中有一种叫“采茶调”的山歌曲调，其主题是反映客家人在茶山劳动的场景。采茶灯则是在闽西、粤东一带模仿采茶劳动场面而产生的花灯艺术。采茶戏则是将赣南的采茶歌与闽西、粤东的采茶灯等艺术形式有机融合在一起而形成的一种地方戏曲，在今天的粤闽赣客家地区都有流行，尤其以赣南地区和梅州五华等地最为盛行。

采茶戏是歌舞结合、配以伴奏的一种民间艺术形式，表演时演员身系围裙，辅以茶篮、纸扇等道具，模仿采茶劳作的动作，表演起来语言幽默、动作诙谐、说唱结合、载歌载舞，具有鲜明的地方色

赣南采茶戏（图片来源：百度百科）

彩和浓郁的生活气息，深受客家地区人民群众的喜爱。

在客家地区，还有一类很重要的茶，那就是凉茶（几乎都是热饮）。在客家人看来，不仅仅是采摘自茶树上的叶子才叫茶叶，许多草本植物的根茎叶花以及木本植物的嫩叶也都可以做成茶。几乎每一个在客家农村地区长大的人都有儿时喝“蛇舌草”、“鱼腥草”、“金银花”等凉茶的记忆，在夏天也喝过番石榴叶茶消暑解渴。很多城市里的客家人在有余暇有条件的情况下，都喜欢在阳台上、花园里栽培些青草，一来养眼、美观，二来有需要的时候可以随时采用。客家的凉茶，品种繁多，有的晒干后即可直接冲泡饮用，有的则需要煲煮，还有的需要有发酵的过程。凉茶的饮用受到季节和气候等外在因素的左右，如春天雨多湿热，适宜喝艾草茶；秋天风高气爽，适宜喝菊花茶。

肠胃不适、肚痛腹泻被客家人称为“屙疾肚”（这个词也可以用来形容一个人办事不力或言而无信）。每遇这种情况，客家人首先想到的就是喝“萝卜苗茶”。将萝卜苗洗净、切短后经盐渍、烘干、晾晒等工序即为萝卜苗茶的“茶叶”，然后配以姜片用开水煮沸即为“萝卜苗茶”。此茶须趁热饮用才有效果，可以在短时间内除痛止屙。除治疗痢疾外，萝卜苗茶还有健脾消滞、行气止痛、除湿利水、清热解暑等功效，是客家家庭一年四季必备的一种凉茶。

到了夏季，客家地区变得闷热起来。这时，客家人又喜欢喝一种用番石榴叶做成的“机子叶茶”。机，就是客语对番石榴的称呼。机子叶茶并没有什么复杂的制作工艺，只需把摘下来的番石榴叶晒干，放置一段时间后即可冲沸水喝。可能因为拿开水冲出来的茶浓度不够的缘故，有不少客家人干脆在煮水的时候连叶子也一块放进去，这样煮出来的茶更加入味。机子叶茶具有清热解毒、排毒利尿的功效，味道甘甜，深受客家老百姓的喜爱。

2. 擂茶

有人开玩笑说，西方人之所以称我国为“China”，是因为国人酒足饭饱后经常问人家“茶呢？”毫无疑问，中国是茶的母国，是世界上最先产茶、饮用茶的国度，所谓“茶之为饮，发乎神农氏，闻于鲁周公，盛于国朝”。说出这句话的人，就是历史上鼎鼎大名的“茶圣”陆羽，这句话正出自他的大作、人类史上首部以茶为主题的专著《茶经》。陆羽生活在唐代,《茶经》成书于唐德宗建中元年(780),所以句中的“国朝”指的是唐朝,说明茶道在唐朝已经开始盛行。

今天提起茶,可能大多数人的反应都是“喝茶”,即用沸水冲泡的方式饮用茶叶,待茶叶淡而无味时即倒弃,然后换上新的茶叶。但对客家人来说,茶不仅可以冲泡着喝,还可以拿来吃,所以客家人管“喝茶”叫“食茶”。这是怎么回事呢?原来,用沸水冲泡茶叶的方法叫“撮泡法”,源于明朝,其起因是明太祖朱元璋在洪武二十四年(1391)金秋十月下的一道诏令(命天下废除饼茶改贡叶茶),此后中国茶风大变,中原地区上至皇亲国戚,下至黎民百姓,纷纷改用“撮泡”的方式饮茶,最终这种饮茶方式也波及客家地区,成为客家人的一大嗜好。

客家人因为长期生活在相对偏远、封闭的边境山区,不太容易受到外界的干扰,加上南方特有的生存环境和受少数民族文化的影响,保留了不少古代的遗风,“食茶”就是其中一项。客家人所“食”的茶,就是《茶经》中所说的“庵茶”(“饮有粗茶、散茶、末茶、饼茶者。乃斫、乃熬、乃炀、乃舂,贮于瓶缶之中,以汤沃焉,谓之庵茶。或用葱、姜、枣、桔皮、茱萸、薄荷之属煮之百沸,或扬令滑,或煮去沫,斯沟渠间弃水耳,而习俗不已”),也就是香料擂茶。事实上,唐朝时国人对茶的消费方式与其说是“饮”,不如说是“煮”,煮茶的同时喜欢加点姜、葱、盐、枣等配料。客家人的擂茶,实际上就是对唐朝茶文化的继承与发展。

擂茶拉花(张汉秋　制作、摄影)

考古发现，福建省三明市区宁化石壁地区早在唐朝就有规模较大的专制擂钵的陶窑。现在石壁一带的客家妇女出门仍然喜欢携带吃擂茶用的银勺，以便在亲朋好友家享用擂茶。制作擂茶的工具，一是擂槌，二是擂钵（或称牙钵）。擂槌是一种形同擀面杖的木棍，一般选用质地坚硬的树枝如油茶树、樟木或楠木做成，长约三尺，上细下圆，便于来回研磨；擂钵则是内壁粗（一般有横条或网格状纹理）的阔嘴陶器。简易的擂茶制作方法是把茶叶放进擂钵，稍事润湿之后，便用擂槌把它擂成浆状，再加少许食盐，冲入开水即可饮用，称为“盐水茶”或“咸茶”，这种擂茶一般为家庭日常自用，极少拿来招呼客人。

待客之擂茶则配料讲究。将做好的盐水茶盛在碗里，撒上炒油麻或炒米（爆花米）或炒花生米，便成“油麻茶”、“炒米茶”、“花生茶”。若再加上熟饭、熟豆，则叫“饭茶”，这种擂茶在陆河、揭西一带的客家地区较为流行。油麻茶有两种：一种炒熟，另一种把生油麻混于茶叶中在牙钵擂成。炒米茶也有两种：一种用上好的油尖米蒸熟晒干炒成，另一种用赤谷煮熟晒干去壳椿白（即脱皮）炒成，叫“炒粟米”。

除花生米、芝麻等配料外，客家人擂茶时还喜欢加进青草药，如积雪草、金钱草、紫苏、野菊花、马兰、鱼腥草等，这种擂茶主要针对人体的一些不适症状而擂制，起到治病保健作用。

擂茶的配料（罗鑫　摄）

客家地区平日食擂茶每天分两次，分别在上午 10 时和下午 4 时左右。海陆丰地区有竹枝词云："辰时餐饭已餐茶，牙钵擂来响几家。厚薄人情何处见？看佢几多落芝麻。"人们习惯称此时辰为"食茶宴"，常用来作约会亲朋好友的时间代名词。传统社会擂茶是客家人招待客人的重要食物，客人一到，即捧上擂茶招呼客人，客人吃得越多，主人越高兴。

客家擂茶"非遗"传承人张汉秋（张汉秋　提供）

当然，擂茶并不是客家人的发明，也不是客家人的专利。它本是中华民族的传统饮食习俗之一，曾广泛见于我国的多处地区。只是后来随着时间的流逝，在很多地方都消失了。时至今日，从地理上看，只剩下湖南（主要集中在常德、桃源和安化一带）、浙江、广西、广东、福建和台湾等地仍保有吃擂茶的遗风[①]；从族群上看，只剩下畲族、瑶族、侗族、土家族和汉族的客家人习惯吃擂茶。在这当中，因为客家人尤其是台湾客家人喝擂茶比较有名，宣传工作也做得比较到位，所以才让很多人以为擂茶是客家独有的饮食文化。

与此同时，也并不见得所有客家人都有喝擂茶的习惯，在广东梅县，就没有喝擂茶的传统。客属地区盛行擂茶文化的地方主要有：江西的于都、瑞金、石城，福建的宁化、将乐、泰宁，广东的陆河、揭西、五华、丰顺以及台湾的桃园、新竹、花莲、东势（台中）、美浓（高雄）等地。

---

① ［日］松下智：《茶的民族志——制茶文化的源流》，东京：雄山阁出版股份有限公司 1999 年版，第 189 ~ 192 页。

（三）礼果之槟榔

槟榔作为一种热带水果，其产地主要分布在今天的中国岭南地区、中南半岛及南洋群岛。早在宋代，食槟榔就已成为广东地区的一种风气。周去非在《岭外代答》中记载：“食槟榔唯广州为甚，不以贫富长幼男女，自朝至暮宁不食饭，唯食槟榔。”宋人更是对时人吃槟榔的方法作了描述，姚宽在《西溪丛语·卷上》中讲：“闽广人食槟榔，每切作片，蘸蛎灰以蒌叶裹嚼之。”清人屈大均的《广东新语》记：“粤人最重槟榔，以为礼果，款客必先擎进。聘妇者，施金染绛，以充筐实。女子既受槟榔，则终身弗贰。”根据文献记载，槟榔礼俗在粤东客家地区的流行大致在明代中期至清代初期这一时段。明嘉靖三十六年《大埔县志》卷七《礼乐志·民俗》载：“婚礼，以槟榔为聘，父母送女之婚家。设乐、张宴亲迎之礼，惟一、二士夫家行之，其最美者，不论财也。”明崇祯十年《兴宁县志》卷一《风俗》载：“婚礼用果酒、花烛、槟榔、蒌、果饵、篚筐、锸镯、鸡鹅之属为聘，男家请有德长者到女家交聘，礼归婚行。”清康熙《程乡县志》卷一《风俗》载：“婚姻以槟榔、笴酱、帛、铨钿为质，千金之家，聘仪奁资多不滥百，贫者并不以财为礼焉。”兴宁人罗师扬的《希山文丛》中记述家乡兴宁民国婚嫁习俗时也说“婚嫁行聘用槟榔盒一对”。

槟榔（图片来源：百度百科）

槟榔礼俗的产生是粤东地区“瘴疠”之区的自然环境的产物。岭南地区在很长一段时间内由于气候、环境的影响，一直是瘴疠之区。从唐宋时期开始大量的文献对这个地区的瘴疠进行了记载。唐代刘恂《岭表录异》有“瘴母”之说：“岭表或见异物自空而下，始如弹丸，渐如车轮，遂四散，人中之即病，谓之瘴母。”作为岭南地区的边远山区，粤东客家地区的瘴疠之害更是严重，历代南来岭南地区的中原之士留下了大量有关病瘴的文句。唐宪宗时韩愈被贬为潮州刺史，赴任途中在蓝关遇到前来探问的侄孙韩湘，有感于粤东地区的山岚瘴气，写下了“知汝远来应有意，好收吾骨瘴江边”的凄楚诗句。宋代李纲在其《过黄牛岭》中的诗句“深入循梅瘴疠乡，云烟浮动日苍黄”就是当时粤东龙川、梅州一带生态环境的生动写照。可见，瘴疠一直是唐宋以来粤东地区的自然灾害。

因瘴疠而生的疾病主要有两种：一是瘴疟，二是蛊毒。瘴疟又分冷瘴和热瘴两种。冷瘴表现为身热而复寒，或呕或噎，大便不利。热瘴表现为身体极热而头极疼。蛊毒表现为肝脾功能失调，肝气郁滞，血气凝聚，隧道壅塞，脾失健运，湿浊不化，清阳不升，以致气滞、血淤、水裹。要治疗瘴疟和蛊毒这两种疾病，必须采取理气祛湿、行气活血、健脾利水的治疗方法。槟榔是棕榈科药用植物，果实俗名槟榔籽，是著名的中药。槟榔与石灰、栳叶三者合在一起咀嚼，有健胃、御寒、提神的功效。宋人罗大经《鹤林玉露》“槟榔”条对槟榔的功能赞曰：“槟榔之功有四：一曰醒能使之醉。盖每食之，则醺然颊赤，若饮酒然。二曰醉能使之醒。盖酒后嚼之，则宽气下痰，余酲顿解。三曰饥能使之饱。盖饥而食之，则充然气盛，若有饱意。四曰饱能使之饥。盖食后食之，则饮食消化，不至停积。”槟榔的这种养身健体的作用特别是治疗瘴病的药用功能对于粤东这个瘴疠泛滥之区的人们而言，是一种“治瘴”的神奇之果，深得人们的钟爱。宋人罗大经言“岭南人以槟榔代茶，且谓可以御瘴”。明人谢肇制在《五杂俎》中也说“闽广人食槟榔，取其驱瘴疠之气”，正是槟榔的防御瘴病的功能，使粤东地区形成了喜食槟榔的习俗。

至于槟榔在聘礼中的使用，一个原因就是槟榔的谐音是“宾榔”，“宾榔”在古代是贵客的别称，意味着女方接受了男家的聘礼，双方缔结婚姻后，未来的女婿包括男家成为女家以后最尊贵的客人。另外

"槟榔"与"宾临"谐音，加之嚼食槟榔所产生的唾沫是红色的，而红色在传统社会是一种极富吉祥意味的色彩，因此献槟榔寓意"宾临大吉"的美好祝愿，这也是在很长一段时期，槟榔成为整个粤东地区在春节期间招待客人必不可少的礼果的深层次原因。

槟榔所赋予的民俗象征意义，不仅表现为谐音象征具有的吉祥意义，还表现为其独特的生物属性所具有的隐喻象征意义。在中国民俗文化形态中，处处充满隐喻象征的文化特性，相当多的民俗象征意义的形成，来源于隐喻的象征手法。槟榔在岭南婚俗中的不可替代的作用正是来源于其固有的生物属性所隐含的象征意义。槟榔是棕榈科药用植物，它的干直立，不分支，亭亭玉立，雄花小而多，生于分支上部；雌花大而少，生于总轴或分支基部。槟榔树"干直立，不分支"、长春之树、长春之果的生物属性，在聘礼中使用，寓意对爱情婚姻的忠贞不贰，预示着夫妻双方在未来的婚姻道路上一心一意，从象征意义上强化了婚姻的牢固性和旺盛的生命力。同时槟榔在食用的过程中，只有细嚼慢咽，才能品尝出其真正的味道，才能越嚼越有味，由苦涩到甘甜，在婚姻习俗中使用，又具有夫妻生活永远幸福，越过越甜、越过越美好的象征意义。

（四）日常果品

粤闽赣客家地区为亚热带气候，雨量充足，日照时间长，适合瓜果蔬菜生长，水果品种丰富，不同的季节都有各种水果出产。据文献记载，梅州在清代乾隆年间出产的水果品种就有二三十类，其中荔枝、龙眼、柑、橘、杨桃、枇杷、石榴、柿子、柚子等，至今仍是当地乡坊盛行的水果。

1. 荔枝

梅州地处粤东北地区，属于亚热带气候地带，全区除北部的平远县外，各县市均有种植荔枝。历史上梅州地区荔枝的出产以梅县松口最为出名。杨时济在《岭南荔枝词·序》中就讲到松口荔枝历史上在岭南据有一席之地，"岭南佳荔如番禺鹿步之水晶丸、嘉应松口之丁香结、增城之挂绿、新兴之小红，皆与闽之枫亭大荔并美焉"。清光绪《嘉应州志》载："嘉应州（即今梅州市）荔枝以松口为最，东厢次之。”当时松口有鹧鸪斑、蒨红、纤丝、丁香结等品种。丁香结即今之焦核荔枝，俗名香荔，又曰香果，核小而肉厚兼擅色、香、味之胜。清嘉庆戊辰年（1808）举人吴兰修（学问渊博，官信宜训导，曾主持广州学海堂）为松口人，因村中多产荔枝，故把自己所写诗词集命名为《荔村吟草》。这本诗词集中有许多关于荔枝的诗句，如“千树荔枝围草屋”、“元月荔枝三月笋，故乡那得不思归”等，可见当年松口荔枝之盛，不过现在松口一带已经没有什么荔枝出产了。现在松口镇郊的铜琶村下店“世德堂”围龙屋内还遗存有丁香结荔枝树一株，当地人称“五月红”，据传有500多年的种植历史。

据张自中考证，梅城凤尾阁一带（现在江北金山巷附近）也产荔枝，以珊瑚坠最著名，它于五月成熟，颜色鲜艳，果肉芳香，不过由于城市的变迁，这一带已经变成了梅江区的中心地带，种植荔枝已成为历史。

提及梅州荔枝的种植，倒是现在五华华城的荔枝种植较有名气。华城荔枝素以核小、肉厚、汁多而闻名。

华城荔枝（张煊、李宁、陈航　摄）

清代和民国时期，入夏的华城小教塘（今华城镇东门村）一带呈现着“满园树婆娑，红果枝头挂，彩霞相辉映，古镇美如画”的荔枝丰收景象，故有华城荔枝湾之称。所产荔枝畅销汕头、潮州、老隆、南洋等地。据小教塘《孔氏族谱》记载：华城小教塘的荔枝是在康熙三十年（1691）由在陕西省扶封县任知县的族人孔元祚在一次省亲时，带回家乡培植而成。此种荔枝一般在清明前后两天开花，夏至后十天至小暑结果成熟，收获偏迟，并有细核、肉厚、汁多的特点。新中国成立后，华城细核荔枝引起了专家的注意，他们对此进行了研究，将其定为良种，载入《广东荔枝志》，认为华城细核荔枝与增城著名良种挂绿同类，适宜大面积推广种植。经鉴定：华城荔枝果核极小，果肉较厚，可食部分占全果重的百分之七十九，且肉质脆而软滑，多汁而吃时不下滴，浓甜爽口，营养丰富，含可溶性固形物达百分之二十一，每百毫克果汁含维生素 C 42 毫克，是广东特产。现五华县政府已将其列为《农业商品生产基地规划方案》的主要项目之一。现在东门村一带还有几十株成片的 300 多年树龄的古老荔枝树。

五华县益塘水库荔枝基地是五华县利用水库水体环境发展该县优质荔枝生产的成功典范。基地荔枝 20 年树龄以上的大树有 500 多亩，10～15 年树龄的有 7 600 多亩，合计有 8 100 多亩。品种以优质黑叶为主，果实肉多核较小，色泽鲜红，可口爽脆，味甜带香。另外还种植有五华细核荔枝、糯米糍、桂味、妃子笑、淮枝等优良品种。基地还建有酒厂一间，生产具有滋补功能的荔枝酒、荔枝干等产品。

2. **杨桃**

杨桃适合生长在高温湿润的热带亚热带气候区，对土壤的要求不高。但是怕干旱和霜冻，从每年的七月至次年的二月都有挂果。

梅州杨桃（李佳韦　摄）

杨桃尤喜湿润腐熟的沙性土壤，因此在梅州各地的沿河地带都有出产。就生产历史和出产品质而言，梅江区三角镇梅塘村的杨桃最为有名。三角镇梅塘村的杨桃种植有 120 多年的历史，杨桃村地处梅江沿岸，沿江肥沃的梅塘村滩涂地孕育了甜润可口的杨桃果。每逢收获季节，杨桃树下，清新的河风徐徐吹过，闻着杨桃淡淡的果香，品尝着杨桃的清爽和香甜，顿时暑气全无，是人们夏季开胃、消暑、解热、止咳的必选岭南佳果。现在，在地方政府的支持下，当地的种植户成功嫁接了马来西亚的良种杨桃，进一步扩大了杨桃的种植规模，为村民带来了良好的经济效益。

杨桃有助于消化，有滋养、保健功能，对于疟虫有抗生作用。杨桃果汁能促进食欲，有帮助消化、治疗皮肤病的功效。但是杨桃鲜果性稍寒，多食易致脾胃湿寒，便溏泄泻，有碍食欲及消化吸收。

3. 柚子

柚子是客家地区出产最为丰富且最为客家人所喜好的水果。

客家地区柚子的品种丰富，有红心蜜柚、水晶柚、金柚之分。现在在梅州种植面积、产量和名气最大的为金柚。

金柚又称沙田柚，民国初年，由丙村镇印尼华侨郭仁山、松口仙溪留学日本早稻田大学的毕业生梁隽可，分别从广西容县引进，在丙村、松口两地种植。经过长期的栽培选育，逐渐发展至全县各村镇，成为梅县的传统特产之一。现已推广至梅州全境，梅州的沙田柚无论从种植面积还是产量来讲，都超越沙田柚的原产地，成为中国最大的沙田柚生产基地，沙田柚种植也成为梅州山区客家人的支柱产业。1987 年梅县区被农业部定为“中国金柚之乡”，现在梅县区柚子的经济收入占全区经济的三分之一，1995 年梅州被国家首批百家中国特产之乡组委会命名为“金柚之乡”。

客家人对柚子特别钟情。一方面源于柚子本身含有人体所需的各种氨基酸，丰富的维生素 C、B_1、胡萝卜素和 7% ~8% 的果胶，营养丰富。中医认为沙田柚味甘、性寒，具有理气化痰、润肺清肠、补血健脾等功效，能治食少、口淡、消化不良等症，能帮助消化、除痰止渴、理气散结。柚果中含有人体需要的天然果胶，有降低血糖、血脂、抗癌、抗菌、解毒、止血和调节肠道机能的功效。柚子含有生理活性物质柚皮甙，能够降低血液的黏滞度，减少血栓的形成，故可预防脑血管疾病，如脑血栓、中风等。柚肉含有类似胰岛素的成分，更是糖尿病患者的理想食品。

更主要的是客家人赋予柚子许多吉祥的象征意义，寄托了客家人的美好愿景。柚子的“柚”和庇佑的“佑”同音，柚子即佑子，被人

们认为有吉祥的含义。过年的时候吃柚子象征着金玉满堂，剖柚子叫“杀柚”，带有驱邪的意味。也有说剥柚子皮是“剥鬼皮”，寄寓了驱邪消灾的愿望。“柚子”与“有子”、“又子”谐音，更是山区客家人“多子多福”的传统观念在饮食文化中的鲜活体现。此外，柚子外形浑圆，象征团圆之意，所以也是中秋节的应景水果。客家人过中秋节，除了月饼、猪肠糕、白切糕、月光糕等传统的、带有普遍意义的中秋食品外，柚子也是必不可少的。

现在，随着人们对柚子的食用价值的不断认识和技术手段的日益进步，客家人对柚子的利用不再停留在“浅尝辄止”的粗放食用阶段，而是朝着以柚子为原料的深加工、广开发的方向努力。金柚可以制成金柚酒、金柚含片、柚皮糖、柚黄酮、金柚饮品、金柚茶、柚皮精油、柚子蜜酱、吸附剂等一系列高附加值产品，柚叶还可以提炼香精，柚核可以制药、制洗发剂。目前梅州已成功开发出柚子酒、金柚茶、金柚含片等产品。

（1）柚子茶。

柚子茶是客家人的传统药茶类产品，在客家乡村普遍流传。

客家柚子茶制作方法：清明时节，将采集来的布惊叶晒干备用，等到秋季柚子成熟时分，挑选上好的柚子，破开柚顶盖，取出中间的柚籽，把柚子肉、柚子瓤用小刀慢慢搅碎，再放入适量的绿茶末和干布惊叶，拌匀，然后用透明胶把柚顶盖封好，并用橡皮筋将整个柚子绑好，最后拿到通风干燥的地方暴晒一至两个月，柚子本身含有丰富的钙和维生素 C 等微量元素，加入绿茶末和干布惊叶暴晒后柚子皮慢慢干皱，茶叶、干布惊叶和柚子肉互相吸收气味，柚子茶便制作完成。食用时将又重又硬又黑的柚子敲碎，用沸水冲泡即可。柚子茶冲泡后呈清透琥珀色，喝起来酸甘香醇，别具一番滋味。柚子茶保健功能极佳，有止咳润肺、消痰化气、清热解暑、提神醒脑、益智安神、开胃消食、理肠胃、解便秘、解烟酒等功效。

（2）柚皮糖。

柚皮味辛、苦，性温，有化痰止咳，理气止痛的功效，故柚皮可入药。制成柚皮糖果后，所含的柚皮甙元有解痉作用，这与李时珍所说柚皮可“散愤懑之气”相一致。

梅州是世界客都，也是著名的“金柚之乡”。秋冬季节，在梅州

梅州金柚（罗鑫　摄）

市区各大高速公路出口附近的街道两旁，到处可见一袋袋金黄色的柚子。柚子被誉为“水果罐头”，营养价值极高，富含丰富的蛋白质、有机酸、维生素以及钠、磷、镁、钙等人体必需的元素。据说每 100 克柚子里就含有 0.7 克蛋白质、0.6 克脂肪和 57 卡路里的热量。

可以说，柚子一身都是宝：用柚子叶泡茶喝的习惯广泛见于客家地区；用柚子皮可以防虫、除臭是很多客家人从小就知道的常识，所以至今仍有很多客家人喜欢在自家的冰箱里、车里放一两块晒干的柚子皮。不仅如此，客家人还将柚子皮进行深加工，做成风味独特、健脾开胃、老少皆宜的柚皮果。

4. 柿子

柿子虽不是客家地区独有的水果，但在农历九、十月份的客家山村，柿子却是一道靓丽的风景线。金黄色的柿子沉甸甸地挂满枝头，漫山遍野，在金秋的阳光照耀下，在蓝天、绿水的映衬下，与客家山村静谧的田园风光相互搭配，总是能给人们勾勒出一幅田园牧歌式的安逸和恬静的画卷，尤其是在当下这个喧嚣的世界。于是柿子虽然在各地都有生长，但总让人觉得客家山区才是其最好的归宿。在台湾，柿子产地和柿饼制作大都在新竹、嘉义一带的客家地区。

梅州“柿”（罗鑫　摄）

福建永定红柿。红柿在永定

的种植历史有500年之久。永定红柿呈扁圆形，少核或无核；果实外观鲜红艳丽，肉嫩汁稠，味甜如馅，清甜爽口。目前，永定县已经开发研制成柿饼、柿酒、柿脯、柿酱等系列产品。

江西于都岭背村是有名的“柿子之乡”。岭背出产柿子的历史在清代《赣州府志》中不见记载，但是当地口传种植柿子已有数百年历史。柿饼成为当地的主要特产之一，色灰白，断面呈金黄半透明胶质状，柔软、清香、凉爽、甜美，食之口舌生津，有沁人心脾之感。

广东梅州五华大田柿花。大田镇隶属于梅州市五华县，自古以来就以盛产柿子而远近闻名。柿花，也叫柿饼，是用柿子做成的一种扁平状的甜食。今时今日，只要有人提起柿花，绝大多数客家人都会马上想到“大田柿花”。大田柿花质软肉厚、馨香甘甜、口感独特，同时具有较高的营养价值。不少客家人喜欢用柿花泡蜂蜜，据说常喝可助美容养颜，尤其对化痰止咳有奇效。值得注意的是，柿花的表面有一层白色的“霉状物”，这其实是柿花精制以后自然生成的柿霜，并不是柿花变质的表现。大田人把柿饼称为柿花，其中原委无从考证。据五华地方文史资料记载，大田出产柿花有300多年的历史，传说明朝正统年间，大田柿花被钦点为皇室贡品。大田有“无柿不成家”之说，故有“柿花之乡”的美誉。大田柿花以其果大、质软、核少或无核、味甘而久负盛名。大田柿花优良的品质，得益于选料讲究、加工精细等工艺。

大田柿花（罗鑫　摄）

柿花的制作流程：每年立冬过后，即“霜风”之时，人们开始采摘柿子，因为此时的柿子养分积累充分，果实熟透，加上彼时天气晴朗，风干物燥，利于加工晾晒。将削皮后的柿子平铺在竹簸箕里，置于室外阳光下晾晒一周左右，待柿子表面起皱，再手工去核，拿捏成饼状，待表层析出白色粉粒状的糖分（俗称“柿霜”）后，便可储藏食用或售卖。

柿饼性甘湿、无毒、润心肺、

止咳化痰、清热解渴、健脾涩肠。新鲜的柿子里含有大量水分、葡萄糖和果糖等，被晒成柿饼时，水分逐渐蒸发，果肉所含的葡萄糖和果糖渗透到表皮，形成葡萄糖结晶，类似蜜饯外面的糖浆，堪称柿饼的精华。此外，这层“白霜”能够使整个柿饼保持干燥。柿饼经过加工熬制，可治疗便血和老年人咳嗽，对肝炎也有一定的疗效。但是体弱多病、产后、病后、外感风寒和贫血患者不宜食用，糖尿病患者禁食。

五　风味小吃

小吃，客语也叫“零嗒”：“零”就是零食的意思，正餐之外零零散散吃的糕饼、点心、糖果等都算是零食；“嗒”既是个拟态词又是个拟声词，模仿人在进食时嘴上下张合时的样子以及发出的声响。

客家人经常用“好嗒伯”形容“零嗒”不离口的人。“伯”在客语里不一定是大叔大伯的意思，如“小型人形玩偶”客家人就叫“人伯公”，这是因为客家地区流行“伯公”① 信仰，不少“伯公”都是以泥塑或陶瓷制的小型人偶的形象出现。小孩子不懂事，以为相似的人形玩偶也叫“伯公”。为区别真的“伯公”，大人就教导小朋友说：人形玩偶叫“人伯公”，不叫“伯公”。除了喜欢玩“人伯公”，小孩子还喜欢吃零食，所以大人们就用“好嗒伯”来“责备”他们。久而久之，“好嗒伯”这个词也就不再只局限于小朋友，只要是“吃货”，都可以叫“好嗒伯”。

客家的“零嗒”品种多样，有些是原创，有些是对外来食品的改良，深深地刻有客乡的烙印。下面所介绍的，是除粄类小吃之外的具有客家特色的一些风味小吃。

（一）企油饼

企油饼是梅州市大埔县茶阳镇的特产。茶阳地处大埔县北端，位

① “伯公”是客家人对土地神的称呼。旧时，客家人在举办重大活动（如祭祀、庆典）时都要先敬拜伯公。伯公不一定以人的形象出现，在有些地方石头也可以是伯公。客家人认为，伯公虽然在神界地位不高，但他甘于寂寞、乐于奉献，为村民守土卫山、尽心尽责，所以特别值得尊重。不少客家谚语都反映了伯公在传统社会的崇高地位，如“伯公系话毋开口，老虎毋敢食猪狗”，意思是伯公如果没有开口表示同意，即使是山中之王的老虎也不敢擅自猎食。参考：房学嘉：《客家民俗》，广州：华南理工大学出版社 2006 年版，第 120 ~ 121 页。

于汀江下游地区，属亚热带季风气候。据当地人介绍，因为地势较低，以前没有兴建水库的时候，只要闽西连降暴雨，茶阳就会受到牵连，发生水浸街的事情。一旦洪水浸漫到家门口，吃饭就成了大问题。为此，茶阳人很早就养成了未雨绸缪的好习惯，在雨季到来之前事先制作、储备好各种干粮，以便非常时期能够顺利过关。企油饼就是在这样的背景下发明出来的，所以老一辈的茶阳人都称这种饼为“大水饼”，意思是这是发大水时吃的饼。

一块企油饼大概成人巴掌大小，和月饼类似，中间有一层夹心，包有白糖、陈皮和黑芝麻等馅料，只是没有那么厚实。企油饼正面的中间部分有点凹陷进去，这可以说是企油饼的一个特征。企油饼味道酥软香甜，口感有点像日本的铜锣烧，又有点像西式面包。

企油饼（罗鑫摄于梅州“瑞园”）

关于企油饼的由来，茶阳民间有一个传说：话说太宁村以前住着一户钟姓人家，在圩镇贩卖瓜果时蔬为生。因为家和圩镇相隔有一段距离，老钟每天都要早出晚归。中午饿了，就在镇上的小饭馆解决。久而久之，老钟觉得这不是长久之计，于是决定自带干粮。可是，带什么干粮好呢？老钟思来想去，觉得饼最合适。刚好家里备有材料，他便让他心灵手巧的老婆做了一些饼。

第二天，老钟带着“老婆饼”来到镇上卖菜。到吃午饭的时间，他走到附近的小店讨了些热水，一口热腾腾的好茶，一口香喷喷的烧饼，正津津有味地吃着，几个路人顺着香气凑了过来。看着他们满怀期待的眼神和垂涎三尺的样子，善良的老钟便把饼分了出去。果然，每个人吃了都赞不绝口，强烈建议他下次多带几块。

抱着试试看的心理，老钟回家后和老婆商量了一下，决定多做一点饼，除了留几块自己食用外，其他的都拿去卖得了。没想到，老钟第一天卖饼，不到一会儿的工夫就一售而空。饼大受欢迎，反倒是自家种的瓜果青菜迟迟无人问津。老钟心想，干脆以后不卖菜，只卖饼得了……不久之后，他们全家从太宁搬到了圩镇，成为当地最有名气的制饼专家。

天气晴好的日子，老钟家的饼店每天都会排起长龙。但由于人多饼少，排在最后的几位顾客往往都会失望而归。为答谢顾客的厚爱，夫妇俩决定每月初一和十五为“企有饼日”（“企”在客语中表示站立），意思是凡是当天前来排队购买的顾客，保证人人都有饼吃。后来，老钟想到“有”与“油”谐音，“油”象征富贵，便将这种烧饼命名为“企油饼”。

顺便一提，企油饼有一个“兄弟”，它就是梅县松口的企炉饼。企炉饼颜色偏白，做得比企油饼稍扁稍大些，但厚度只有企油饼的一半，从正面看也是有点凹陷进去的。饼的夹心部分所包馅料和企油饼的差不多，但量少，口感较干，不油不腻，十分适宜“绑茶食”（做茶点）。

企炉饼（罗鑫　摄）

（二）百侯薄饼

百侯隶属于梅州市大埔县，史称“埔东重镇”。2010 年，百侯被住建部和国家文物局授予“中国历史文化名镇”称号，成为梅州市首个获此殊荣的乡镇。

百侯风景优美、人杰地灵，仅在明清两朝便诞生了 5 位翰林、24 位进士、134 位举人。近代以来，百侯更是人才辈出，出现了像罗卓英（国民党上将、抗日功臣、民国时期“广东省政府主席”）、杨德昭（国民党中将、百侯中学创始人，曾邀请著名教育学家陶行知到当地推广生活教育）这样的风云人物。

走进百侯，随处可见各种风格不一、古色古香的客家民居。令人称奇的是，这些古民居里大都还住有人家。传统与现代交相辉映，静谧与喧嚣和谐共存，让游客流连忘返。

百侯人家（罗鑫　摄）

但要说百侯最让游人印象深刻的，恐怕还是小吃。其中最具代表性、最有故事可讲的就是“百侯薄饼”了。百侯薄饼与其说是饼，不如说是一种卷，外形类似于肯德基热销的墨西哥、老北京鸡肉卷，只不过百侯薄饼里头包的是豆芽、豆干、香菇猪肉酱等馅料，口感油滑，味道咸香。真正薄的是最外层的饼皮，看起来晶莹透亮、薄如蝉翼，食之口感软韧、倍觉张力。

和多数客家美食一样，百侯薄饼也是现做现吃口感最好。客人来的时候，薄饼和馅料早已准备就绪，只要确定数量，店家马上就可以动手卷饼，十分快速。

百侯薄饼（李焜摄于梅州“瑞园”）

据地方文献记载和民间传说，百侯薄饼最初是由清朝康雍乾年间的乡人杨缵绪在担任陕西按察使期间从北方带回来的，后经当地人改良，再因应时代的变化才逐步演变成今天这个样子。

杨缵绪是个大孝子，有一年为给母亲饶氏庆贺生日，专门从陕西带了位厨艺高超的糕饼师傅回来，做一些当时大埔乃至整个南方都罕见的糕饼、点心给母亲及族人品尝。因为这个师傅做的东西实在太好吃了，深得杨母欢心，杨缵绪就让他留下来，等培养出了徒弟再回陕西。后来，从杨家的其他厨师（即陕西大厨的第一批弟子）开始，制作薄饼的方法逐渐在百侯流传开来，成为当地家喻户晓的特色小吃。

令人难以置信的是，杨缵绪的母亲饶氏是个其貌不扬，甚至可以说是面目丑陋、皮肤粗糙的女人，传说她直到 18 岁还经常遗尿，让她的老父亲头疼不已。有一回，一个经常到茶阳做客、叫杨之徐的百侯小伙子在好奇心的驱使下过来搭讪，问为何每次他来茶阳都能看到老人家在门口晾晒草席、洗濯被单，老人家先是羞于启齿，后来终于告诉了杨之徐真实情况。一般人听说这么大的姑娘还会尿床，都会忍俊不禁，即便不敢笑出声来，内心也是觉得蛮滑稽的。出乎老人家意料的是，眼前这个姓杨的年轻人却与众不同，他竟然对自己的女儿产生了兴趣，还问是否婚配，如果没有能否让他娶过门去。老人家当时就听懵了，觉得他女儿白送给别人可能都没人要呢，怎么还有主动送上门来的帅哥？稍微打量了一番杨之徐之后，老人家将信将疑地答应了这桩婚事。杨、饶二人成亲那天，天空骤降暴雨，洪水浸满茶阳城，当地有“行地理”的先生在船上掐指一算，称这是“龙母出巡，有贵人出”，说饶氏是龙母转世。而这个杨之徐，就是杨缵绪的父亲，康熙二十七年的三甲进士。

其实，杨之徐看中饶氏，并不是因为她相貌奇特，更不是因为她18岁了还尿床，而是他感觉到这个女人身上有一股不寻常的灵气，特别是当他躲在树林里偷看饶氏采摘荔枝的时候，竟然发现树底下有一条龙的影子在若隐若现地蹿动。

饶氏嫁到百侯之后，为杨家生下缵绪、黼时、演时三个儿子。这三个儿子分别于康熙六十年、乾隆元年和乾隆十年考中进士，全被选为“翰林院庶吉士”，饶氏因此得到“一腹三翰林”的美名。

后来，杨家的先进事迹被乾隆皇帝知道了，他专门下旨要求召见饶氏这位奇女子。饶氏在北京城受到了皇帝极大的褒奖。荣归故里时，他们一行途经江西庐陵境内，走着走着，随从们看见前方路口处立着一块告示牌，上书“天下第一村，文官下轿，武官下马”，便将情况如实禀告饶氏。饶氏轻轻摆手道：“不必理会”，于是大家继续前进。

此情此景，恰好被附近的村民看在了眼里，村民们一个个怒不可遏，匆忙过去拦停饶氏的轿子。其中一个老学究义正词严地说道：“汝等好生大胆！本地隔河两宰相，方圆五里三状元，纵横十里九进士！敢不下轿?!”听到嚷嚷声，饶氏不紧不慢地掀开窗帘，微微探出头来看了看。村民们一看竟然是个女流之辈，就更加生气了，怒气冲冲地喊她“下轿、下轿、下轿!”坐在轿子里的饶氏毫不怯懦，不紧不慢地说道：“隔河两岸各一天，十里地方无关联。各乡各县不同祖，怎比妾身三翰院?”老学究一听，可被饶氏的才华给惊呆了，他将信将疑地问道：“莫非阁下就是人称‘一腹三翰林’、前不久刚受皇上召见的广东大埔百侯的饶老夫人?!”饶氏

杨缵绪故居“通议大夫第”今貌（罗鑫　摄）

道："正是。""哎呀！您的大名早已如雷贯耳，我们刚才真是失敬失敬了！请多多恕罪！"村民们纷纷赔礼道歉，赶紧给饶氏一行让路。

（三）猪肠糕

客家人特别爱吃猪肠。不论是"三及第"、"五及第"还是"全猪汤"、"猪杂汤饭"，猪粉肠都是必不可少的。正餐时间到客家餐馆吃饭，店家推荐的特色菜里一定会有一道"炒猪肠"或者"炒生肠"。

在客语当中，"猪"与"朱"同音，"朱"就是"红"，红象征喜庆，所以客家人过生日时吃的鸡蛋、结婚时发的请帖、逢年过节时贴的春联、放的鞭炮、发的"利是"等，无一不以红色为主色；"肠"则与"长"同音，表示"健康长寿"、"好运长久"……"猪肠"即"朱长"，寓意好事常有、连年不断。可以说，现代客家人喜欢吃猪肠，除了这种内脏本身的美味和营养价值外，与求吉的心理也有很大的关系。

除菜肴外，在客家地区，还有一种和"猪肠"有关的食品——用糯米制成的"猪肠糕"。猪肠糕是中秋节的应节食品。之所以取这个名字，一是由于它的外形、颜色与猪肠相似，二是因为苏东坡——这位嗜好猪肠的大文豪曾在中秋节写下"但愿人长久，千里共婵娟"的诗句。"猪肠糕"粉韧、香甜，象征"肠"久、"糕"兴，与中秋佳节花好月圆的温馨气氛十分契合。

猪肠糕（罗鑫　摄）

（四）白切糕

白切糕也是客家人中秋节必备的应节甜点之一，其原料是糯米粉、白糖、葱油、冬瓜片、花生米和黑芝麻等。根据梅城江北某专业制作糕点师傅的介绍，制作传统白切糕时，通常一斤糯米粉要配二两黑芝麻、三两糕粉、半斤冬瓜片、八两白糖和一斤花生米。现代人健康意识较强，对食品的甜度比较在意，因而市面上售卖的白切糕在糖分的比例上相对以前已经做了适当的调整，口感清淡了一些。

从名称上考证“白切糕”：“雄鸡一叫天下白”，“白”就是“亮”，“亮”就是“明”，意指“月到中秋分外明”，心情亦格外敞亮。“切”即“亲切”，包括两层含义，一是作为形容词，久别重逢，互相都感到亲切。以往由于受到交通条件和经济能力的限制，漂泊在外的客家游子一年到头最多只能回家两次，除却春节，便是中秋了。二是作为动词，白切糕厚大如砖，必须用刀切分，无论是亲人为自己，还是自己为亲人亲自切上一块，都分外甜美、其乐融融。“糕”则与“高”谐音，既表示“高兴”的心情，又有“芝麻开花节节高”、生活越过越好的吉祥寓意。

（五）菊花糕

菊花糕粒小、柔韧、甘甜，可以说是客家传统的“QQ 糖”。据说发明菊花糕的是清代潮州府丰顺县汤坑镇西市田中央的张氏家族。光绪年间，张家为躲避瘟疫，举家迁徙到了嘉应州（今梅县）的畲江圩镇上，并以“义兴”为牌号，专门做些糖果、糕点的加工、批发生意。定居畲江以后，张家将丰顺汤坑一带流行的“喷水糕”（因蒸时会喷水而得名）加以改良，发明出了今天的菊花糕。据张家第四代掌门人张钦元先生介绍，民国时期，客家人往返南洋时菊花糕总是必不可少的“等路”（礼物）之一。

菊花糕里并无菊花。菊花之于菊花糕，就像老鼠之于老鼠板一样，实际上两者并无联系。只是因为用来制作菊花糕的模子是菊花纹样的，取其形似，名为“菊花糕”。但是，和菊花糕同一个模子里刻出来的另一种白色或者粉红色的糕点虽然也有菊花的纹样，却叫“白糖糕”而不叫菊花糕。白糖糕吃起来口感酥粉，不像菊花糕那样软韧。

逢年过节，客家人“敬天神”时都喜欢在八仙桌上摆上一盘白糖糕或菊花糕。

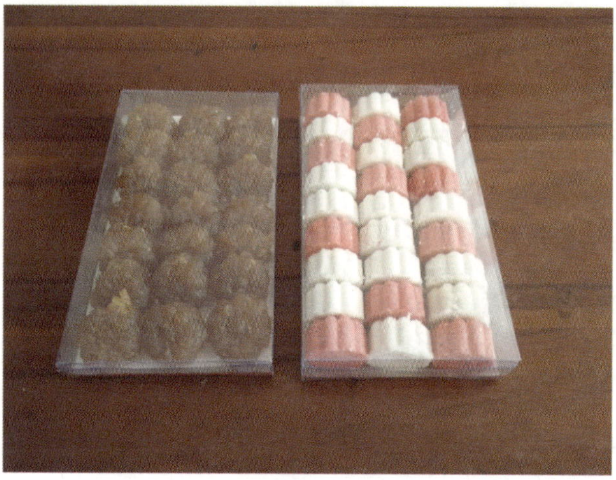

菊花糕（左）与白糖糕（右）（罗鑫　摄）

据介绍，菊花糕的制作流程是：先将白糖、麦芽糖等糖料混入糯米粉后搅拌均匀，搓成糕坯，然后放入特制的菊花印模中做出“半生熟”的菊花糕（见下图左）。将白色的、半成品的菊花糕放入蒸笼中蒸熟，变成淡淡的巧克力色。由于制作菊花糕需要特制的模具，工艺也较为复杂，一般老百姓家里都做不了这种糕点。

菊花糕（李佳韦　摄）

（六）软旨糕

熟悉古汉语或者日语的朋友肯定知道，“旨”就是美味的意思。如《礼记·学记》中就有这么一句说：“虽有佳肴，弗食，不知其旨也。”意思是即便有美味佳肴，如果不去尝试一下的话，是无法体会其中的滋味的。又，四字熟语“食旨不甘”中的“旨”指的也是美味，意思是当人遇到特别忧愁、悲伤的事情时，有再新鲜美味的食物摆在面前，恐怕也会食欲不振。而在日语当中，表示美味的单词“うまい”在用汉字标记时既可以写作“旨い”，也可以写作“美味い”。

因而，从字面理解，“软旨糕”就是一种既柔韧又美味的甜糕。因为这种糕的表面铺了一层糯米纸的缘故，糯米纸入口即化，糕本身又“入软”（客语，形容非常柔软），故也有人称之为“软纸糕”。通常，软旨糕的甜度和黏度都恰到好处，因而老少咸宜、妇孺皆爱。

软旨糕和月饼、猪肠糕一样，原本也是中秋节的应节食品。在客家话中，“旨”与“梓”同音。“梓”即桑梓，故乡的意思。因此，从某种意义上说，软旨糕就代表着故乡的味道。每逢佳节，因为种种原因不能返乡与家人团聚的客家人便通过食用软旨糕等糕点来感受家乡的味道以及浓厚的亲情。

软旨糕（罗鑫　摄）

（七）姜糖

如果有客家人叫你试一下他的“辣姜”，那可千万要小心了，因为他的意思是叫你尝尝他的厉害——当然，一般来说客家人都是比较知书达理的，不用担心有这样的事情发生。如果有客家人请您品尝一下他的“萌姜”，那就没关系，因为“萌姜”是一种经过调制的姜片，味道辣中有甜、甜中带辣，与其说是姜，不如说是糖，确切地说是最原汁原味的姜糖。

萌姜（罗鑫　摄）

萌姜虽然好吃，但是因为它的外形比较粗糙、颜色略显暗淡，一点儿都不“萌”，受欢迎程度并不高。实际上，客家地区流行的姜糖主要是另外两种，一种是长条形的，呈薄片状，形似绿箭口香糖，不加料，通常只外包一层糯米纸，口感偏辣，食之可口，令人回味，这种姜糖主要产自丰顺县黄金镇。另一种是四边形的，添加有花生米等佐料，厚度较高，糖面铺满芝麻，口感偏甜，食之甘脆。这种姜糖主要产自梅县区畲江镇。不管是哪种姜糖，都“10”分“赞食”（好吃到赞）。

丰顺姜糖与梅县姜糖（罗鑫　摄）

（八）馓子

馓子是一种油炸食品。客家地区流行的馓子主要有甜馓和咸馓两种。甜馓和咸馓在造型上差不多，都是环形花瓣状，呈“8”字形，取“8”、“发”谐音，寓意兴旺发达，只是甜馓做得像乌冬面，比较粗大，颜色也较深；而咸馓做得像荞麦面，相对细小，颜色较浅。

客家甜馓和咸馓（罗鑫　摄）

逢年过节，大多数客家人都有全家动手和面，捏、炸馓子的习惯。比起做“煎丸”，小朋友们更喜欢做馓子。这是因为做（咸）馓子不像做煎丸那样容易黏手，还可以根据喜好把馓子捏成各种形状拿去炸，关键是还炸得有模有样。又有得玩又有得吃，小朋友们当然是乐在其中了。

馓子并不是由客家人发明的。明代李时珍在《本草纲目》中就说：“寒具，即今馓子也，以糯粉和面，入少盐，牵索纽捻成环钏之形，油煎食之。”可见，馓子在很早以前就已经有了，只是那时不叫“馓子”而叫“寒具”。传说苏东坡就曾专门为馓子写过一首《寒具》：“纤手搓来玉色匀，碧油煎出嫩黄深。夜来春睡知轻重？压匾佳人缠臂金。”

为什么以前的人会管馓子叫“寒具”呢？因为这种食物最初是寒食节的应节食品。我们知道，清明节的前一天是寒食节，古俗规定从这一天起，每家每户三天之内只能吃冷食，不能生火做饭。为了在寒食、清明这几天也能吃上平日里喜欢吃的面食，老百姓便发明出了“寒具”这样的小吃。

馓子也不是客家地区独有的小吃。我国的许多地方，如山东济南、济宁、滕州，江苏淮安乃至宁夏回族自治区等地的“馓子”也都非常有名，而且用料、做法、口感各有千秋。时至今日，依然每年都坚持过“寒食节”的中国人已经寥寥无几，会为这个节日而刻意不生火做饭、只吃冷食的普通家庭也早已不复存在。节日既已被人淡忘，相应的过节食品最初的文化内涵自然也就无法保留。所以现在不管是在哪里，馓子基本上都已成为春节的应节食品了。

（九）牛耳公

春秋战国时代，诸侯之间举行结盟仪式时，通常要割牛的耳朵，血淋淋地放在盘子上，然后由主盟者执盘，以表示歃血为盟（见《左传·哀公十七年》：“诸侯盟，谁执牛耳？”）。时代发展到今天，诸侯早已沉寂在历史的长河中，割牛耳朵歃血为盟也成了只有在古装电影、电视剧中才能看到的场景。然而，客家人却每天都在“执牛耳”。当然，这种牛耳和牛没有任何关系，只是一种形似牛耳的油炸食品，名曰“牛耳公”。牛耳公口感香脆、味道可口，是客家人经常吃的一种油炸小吃。

牛耳公（罗鑫 摄）

所谓“耳公”，就是耳朵的意思，但是“公”和“朵”之间并不是对译关系。

有人说，“公”就是大的意思，这不够准确。像蚂蚁微乎其微，但客家人也叫作“蚁公”。其实，“公”是和“嫲”相对的一个表示社会性差（gender）的概念。

过去是男尊女卑、男女分工特别明确的社会，男主外、女主内。为了养家糊口，客家的男人必须像蚂蚁一样外出觅食，踏踏实实、勤勤恳恳地工作（所以蚂蚁叫作“蚁公”）。男性的一大特点是声音粗犷、洪亮，就像雷鸣一样（所以雷叫作“雷公”）。回到家里，男人不用分担琐碎的家务，只管像猫一样慵懒地瘫坐在椅子上休息、坐等用膳就可以了（家畜中唯有猫不用干活，不像牛、马和狗一样天天受累，所以猫叫作“猫公”）。当闻到从厨房里飘出来的菜香（所以鼻子叫“鼻公”），听到老婆喊吃饭了（所以耳朵叫作“耳公”），男人便优哉游哉走向饭厅，直接端起最大的“碗公”放开肚皮狼吞虎咽。这正是客家俗语“做细就懒动，食饭就拿大碗公”所描述的场景。

女人只管相夫教子、料理好家务就行。只是客家妇女特别能干，“家头窖尾、灶头镬尾、针头线尾”无所不能，所以与家事特别是与烹饪相关的很多厨具、食材，都属于客家女性的“专利”，必须在词尾添加“嫲”这个后缀才算完整：如“勺子”叫作“勺嫲”，“菜刀”叫作“刀嫲”，“姜”叫作“姜嫲”，“酒糟”叫作“糟嫲”……女性的一大特点就是话比较多，所以客家人管“舌头”叫作“舌嫲”。

总而言之，以“公”结尾的很多名词都与男性社会性征相贴近，以“嫲”结尾的名词，则与女性社会性征一致。当然，除表示社会性差外，“公”和“嫲”及其派生词也用于表示生物性差（sex），如“鸡公”为“雄鸡”，“鸡嫲”为“母鸡”；“狗牯”为“公狗”，“狗嫲”为“母狗”；“猪哥”为“公猪”，“猪嫲”为“母猪”……

话题回到“牛耳公”身上。古往今来，能执牛耳者，几乎都是男性，这也是为什么“牛耳朵”不叫“牛耳嫲”而叫“牛耳公”的缘故了。实际上，英美人不称“历史”为“herstory”（她的故事）而叫作“history”（他的故事）的原因也大概如此。

（十）牛肉干

在客家话中，一些动物的名称可以当作形容词使用。例如“猪”形容人愚蠢；“狗”形容人无原则、不仗义；“狼”形容人残暴；“豺”形容人贪婪（见客语“豺食”）；“牛”形容人执着。而在普通话中，“牛”表示本领大、实力强，是个不折不扣、频频使用的褒义词。

可见，长期以来，中国人尤其是农民对牛的感情是非常深厚的，因为牛是农户家里最为重要的劳动力，终生勤勤恳恳、默默无闻地为人类奉献，任劳任怨。传统的客家社会是典型的农耕社会，对客家人来说，牛更是无可替代的宝贝，甚至就像家人一样。所以，以前大部分的客家人是极少食用牛肉的，因为常年和牛一起劳动，甚至与牛同住在一个屋檐下。

但是，有两个地方比较例外，就是大埔和丰顺。现在说起吃牛肉，大多数客家人（至少梅州人）的反应都是“丰顺”，因为丰顺的牛肉非常有名。如果说起牛肉干，那么大多数客家“吃货”的回答肯定是“大埔”，因为大埔百侯的五香牛肉干历史悠久、制法独特，已于2014年被列入梅州市第六批“市级非物质文化遗产名录”。

历史上，丰顺和大埔同属潮州府管辖，受潮汕饮食习惯的影响比较深。潮汕文化是典型的海洋文化，以捕鱼为生的潮汕人对牛不存在什么特殊的感情，所以自古以来潮汕地区牛肉的消费量一直较大，潮

牛杂（罗鑫 摄）

汕的牛肉料理品种也相当丰富，尤其是弹性十足、劲道可口的潮汕牛肉丸行销全国、闻名遐迩。

随着时代的发展和社会的进步，现代客家人当然不会拒绝吃牛肉，毋宁说，牛肉是客家地区比较昂贵的食材。以早餐店的“煮汤”为例，如果是“三及第”汤，一份只需五元钱；而如果是牛肉汤，一份就要十元钱。再比如，梅州地区流行吃一种红色的牛杂小吃（添加了红曲的缘故），包括牛皮、牛肚、牛肠、牛心、牛肝、牛血皮、牛脚筋、牛板筋等牛的多种内脏，其价格更是数倍于猪肉。

牛肉干味美而不易变质，重量轻而方便携带，是客家人旅途的最爱，也是逢年过节馈赠亲朋好友的佳品。据说客家牛肉干兴起于清朝初年，至今已有数百年的历史。除大埔百侯外，梅县白渡也是牛肉干的产地，这两个地方的牛肉干各有特色。

客家牛肉干（陈航、李焜 摄）

客家牛肉干的制作通常需要五道工序：第一步是解衣，即去掉牛肉的脂肪、筋膜后细切成片（每片厚度以 2 ~ 3 毫米为宜）；第二步是腌卤，将牛肉放进“染缸”（内含五香粉、米酒、鱼露、白糖等）中腌卤数小时；第三步是烘干，将牛肉放到铁炉网上用文火烘烤两个小时左右；第四步是烤焙，将牛肉放入烤箱中烘烤成牛肉干；第五步是封装（客家牛肉干是包装食品）。

（十一）牛乳煮卵

到客家地区尤其是梅州的江北老街去走一走、看一看的话，不难发现“牛乳煮卵”的摊档。所谓“牛乳煮卵”，就是“鲜奶煮蛋”，是一种用新鲜的鸡蛋调制牛奶后烹煮而成的热甜食。“牛乳煮卵”美味香甜、营养丰富、制作简单，有提神醒脑、驱寒暖胃的功效，是客家人秋冬时节最爱的夜宵之一。

牛乳煮卵（陈航、李焜　摄）

客语中本无“奶”字，所以“牛奶”叫作“牛乳”；而“卵”就是蛋的意思（特指鸡蛋），故古法制作的“咸蛋”客家人称为“灰卵”。五华、兴宁、平远等地的客家人觉得“卵”与“乱”谐音，不太吉利，遂称“卵”为“春”，取春天是大地回暖、万物复苏的季节，鸡由卵生，卵象征新生之意。

客语的“煮”和普通话的“煮”意思不太一样。在普通话中，“煮”既可以表示把未破壳的鸡蛋放进水中煮熟，也可以表示把鸡蛋敲碎、将蛋白和蛋黄倒入水中烹煮。而在客语当中，只有后一个才叫作“煮”，前一个要用“涉”来表达，所以“水煮鸡蛋”客家人叫作“涉卵”。

因为“涉卵”，客家人衍生出一连串有趣的表达。如“涉烂”、“烂烂涉涉”：“卵”煮得太过，蛋壳就会烂，所以客家人形容一个物件或房屋烂得不成样子时会说“烂烂涉涉”或简称“涉烂”。“涉俚”：太烂的话就很难看，“难看”客家人叫“俚”，“涉”在这里可以变作副词用来修饰“俚”，即“涉俚”。“涉俚”既可以用于人，也可以用于物。

（十二）鸭松羹

南宋爱国诗人陆游是个“吃货”，更是个烹饪好手，尤其擅长制作甜羹。他曾有诗云：“老住湖边一把茅，时话村酒具山肴。年来传得甜羹法，更为吴酸作解嘲。”在诗集《山居食每不肉戏作》中，陆游介绍了他的“甜羹法”，即“以菘菜、山药、芋、莱菔杂为之，不施醢酱，山庖珍烹也”。

对勤劳、智慧的客家人来说，因为生活在山林之中的缘故，制作陆游的“山庖珍烹”并非难事。“鸭松羹”便是客家甜羹的经典之作。

鸭松羹，也有人写作“压松羹”、“鸭双羹”，是大埔县的传统甜食，主要盛行于县城湖寮以及枫朗、百侯等乡镇。鸭松羹通常为红褐色，口感类似果冻，甜而不腻，但更加香嫩松软，带有一种特别迷人的生姜香味，让人吃了有一种“耳目一新”、豁然开朗的感觉。不仅如此，鸭松羹还具有排毒养颜、驱邪祛暑等养生功效。

鸭松羹的原料并非鸭血、鸭肉，而是由淀粉、红糖、食用油、碾成末的陈皮、瓜片、生姜等组成。说是小吃，一份鸭松羹的量可不小，价格也不便宜。这是因为制作鸭松羹所需要的原材料比较多，制作工艺也相对复杂。

鸭松羹（大埔县瑞锦酒店提供）

鸭松羹的大致做法是：

先将生粉炒熟，再配以红糖和适量的清水煮成黏稠状；盛起来后用纱布过滤，去掉杂质，再倒入锅里，加入陈皮末、生姜末等配料并煮沸；然后用筛子均匀筛些熟粉进去，注入油料，同时不断搅拌成羹。

（十三）芋丸

有人戏言，有一个特别的方法可以检验某一种食材是否深受客家人欢迎，那就是看是否存在用这种食材制作出来的丸子。像客家人嗜食白萝卜、艾草、米粉，相应地，就有萝卜丸、艾丸、米粉丸的问世。套用这个方法，我们可以断定，芋头广受客家人的欢迎，而且还极有可能是最受欢迎、没有“之一”的食材。这是因为，非但有“芋丸”，而且还分两种，就像芋头在客家地区分为两种一样（清乾隆《嘉应州志》卷一《舆地部·物产》记载：“芋，有水旱二种”）——这是萝卜丸、艾丸、米粉丸等其他丸子“望尘莫及”的。

第一种“芋丸”是蒸出来的，多作为菜肴上盘，香气扑鼻、原汁原味；第二种是油炸出来的，多作为小吃，可以随时“进口”，色泽黄艳、香酥可口。

蒸芋丸和炸芋丸（罗鑫　摄）

不论是哪一种芋丸，都可以统称为“芋食”。凑巧的是，在客家话中，“芋食”与“务实”同音同调，恰好印证了人们对客家菜的印象——“量大肉多、经济实惠”。“推菜及人”，客家人给外人的印象往往也是“朴实、务实、踏实”。

两种“芋食”中，可能炸芋丸的人气指数更胜一筹。究其原因，一是它更香、更脆、更易携带和食用，二是炸芋丸本身是一种贺岁食品。如前所述，进入小年（客家人称为“入年假”）之后，大多数梅州人都有全家动手制作各类油炸食品的传统，其中，炸芋丸和馓子、煎丸一样是必不可缺的。人们通过制作、馈赠炸芋丸等油炸食品，拉近与亲朋好友、左邻右舍之间的距离，使得年味儿更添一份温馨与喜庆，其乐融融。特别是“芋丸”在客家话中与“务员”同音，“丸”又与“圆”同音，所以如果有谁正在准备公务员的考试，那么送给他一袋金灿灿、香喷喷的“芋丸”是最合适不过的了，有预祝其“公务员考试圆满成功”之意。

不过，话又说回来，炸芋丸毕竟是油炸食品，且在制作过程中添加了不少姜丝和花生米，吃多了容易上火，还是适量为宜。

六　客菜特色

通过饮食，我们可以了解客家文化的方方面面。例如，客家人吃什么、喝什么，反映的是客家族群的生活环境；客家人怎么吃、怎么喝，反映的是客家族群的生存智慧；什么时候吃、什么时候喝，反映的则是客家人的养生哲学。

客家菜自成一体、独树一帜，总结起来，大概有以下几点特色：

（一）质朴天然

俗话说“小脚一双，眼泪一缸”，在大部分汉族妇女都被缠足所折磨的封建社会，唯独客家女性能自如地在田间地头、家里户外活动。清朝末年，甚至还有不少客家妇女积极投身于太平天国运动，被清军称作“大脚蛮婆”。客家女人之所以不缠足，有着多方面的原因，有的是因为家庭劳动人手不足，有的纯粹是出于对女性的关心和爱护。不管怎样，从人性的角度考虑，缠足总是有悖人道的，脚应该天生天养，所以以前没有缠足的脚被叫作“天足”。

客家人看待饮食，就像对待女人的脚一样，以质朴天然为最美。然而，今天说起对客家菜的印象，一些人却会用“粗”来表达。我们知道，粗是与细相对的一个词语，意思是从视觉而言，客家菜比较“没什么看相”，以当下人们鉴定菜肴的标准——色、香、味俱全来评判，首先就缺少印象分，很难一下就抓住食客的胃品，勾起食欲，这似乎也成为在求新求异的现代潮流下客家菜传承与发展的短板。不过，从科学卫生的角度来看，恰恰是客家菜质朴天然的绿色本质，深层次地满足了人们追求健康身体的机能需要，正如客家社会古朴淳厚的民风一样，为现代人所钟情与推崇。可以说，是天然的食材与科学的烹饪共同造就了客家饮食质朴天然的特色。

客家社会是中国传统农耕社会的缩影，自给自足的小农经济生产方式使得客家人完全依靠自己的劳作来支撑客家社会的运转。客家人的果腹之物全部来自于其自身所生活的高山、田园、江河，“山野之根，田园之蔬，河塘之鲜”是客家菜的物质基础。“五谷杂粮，薯蕷野菜，山珍野味，河鲜禽畜”这种返璞归真的乡土饮食结构奠定了客家饮食浓厚的本土特色和浓郁的田园风味。淳厚的乡村风情，“无鸡不清、无肉不鲜、无鸭不香、无肘不浓”，使客家饮食保留了原汁原味的自然本色。

在烹调方法上，客家菜以炖、烧、焗、煲为主，其中又以做砂锅菜最为见长，极少添加甚至基本不加口味过重或过浓的佐料，一般只用生葱或熟蒜调味，简简单单，却使食材的原味和各种营养元素得以最大程度地为人体所吸收。

客家人做菜最通俗的手法是“煮”，所以客家人把做菜叫“煮菜”。“煮”的意思很简单，百度百科是这样解释的：煮法是将食物及其他原料一起放在多量的汤汁或清水中，先用武火煮沸，再用文火煮熟。具体操作方法：将食物加工后，放置在锅中，加入调料，注入适量的清水或汤汁，用武火煮沸后，再用文火煮至熟。适用于体小、质软类的原料。所制食品口味清鲜、美味，煮的时间比炖的时间短。煮的食物避免了烧烤类的油腻与长时间产生的致癌物，是一种健康的饮食方式。考证中国各地的饮食制作，称呼不一，北方黄河流域一带为“烧菜”，长江流域一带为“炒菜”。从字面意思理解，“烧”、“炒”就火候控制来讲，都没有“煮”来得温和，所以，《三国演义》里有曹操和刘备的“煮酒论英雄”，而没有“炒酒论英雄”或“烧酒论英雄”。所以按照百度百科对“煮”的释义，足见客家人做菜方式之自然与科学，印证了客家饮食的质朴天然之本性。

质朴天然的客家菜

（大埔县瑞锦酒店提供）

（二）中原遗风

客家人经常把“夏事”一词挂在嘴边。所谓“夏事”，就是规矩、礼数的意思。如果从正面解读，“夏事”可以引申为“文明”，所以客家人嫌弃某人不懂规矩时常说“真真无滴夏事！”如果从负面解读，“夏事”又可以是“麻烦”的意思——规矩、礼数多了，当然很麻烦，所以客家人抱怨某事太过繁杂时总爱讲：“若何恁多夏事！”（怎么这么麻烦）

夏，是中国历史上的第一个王朝。客家人把“懂文明、知礼节”说成是“夏事”，实际上是一种无声的宣告——说明客家人较为完好地继承了中原遗风，深谙华夏之事，这其中就包括华夏的饮食文明。事实上，客家人饮擂茶、吃狗肉、吃鱼生，过“天穿节”吃甜粄等习俗无一不是对“夏事”的继承和发扬。

就现代客家菜与中原饮食文化的关系，国家级名厨、广东省梅州市农业学校的陈钢文先生有着较为深刻的见解，他认为客家菜源于中原又不同于中原：

客家人遍布全世界，各地的物产、人文、经济等方面都千差万别，但在饮食方面具有一个共同点，就是对中州饮食文化的传承。

中原汉族的数次大规模南迁，在中华民族历史上具有深远的影响。客家先民从中原辗转迁移至南方山区定居，带来了中原文化，经过数千年的发展变化，在闽、粤、赣边地区形成了具有独特风格的广东客家文化。

梅州是广东客家人最集中的聚居地。客家菜又称东江菜，是构成粤菜的三大地方菜之一，是以梅州为代表的地方菜肴的统称。梅州客家菜作为客家菜的代表，其菜肴特色的形成有其独特的主客观条件。

从梅州客家菜的风味特色来看，客家菜肴除保留中原饮食文化特征外，还根据环境条件和物产特点吸收了当地优良的饮食习惯，逐步形成“主料突出、重油、主咸、偏香”的四大风味特色。

梅州客家菜源于中原，但又不同于中原。有些菜肴带有中原烹饪技术的影子，富有北方风味的菜肴特征；有些菜肴在制法上大体相同，但原料选择与运用又完全不同。

梅州客家菜紫盖肉与代表黄河下游菜肴风味特色的山东菜中的炸脂盖，在主要烹调技法上完全相同，但客家菜选用的肉料是五花肉，山东菜选用的肉料是羊肉；客家酥烧肉与山东菜的玻璃肉，客家红焖肉与山东菜的坛子肉，客家烧鲤与山东菜的糖醋鲤鱼，客家糯米酥鸡、八宝全鸡与山东菜的布袋鸡（鸭）等在烹调技法上都十分相似，只不过在原料运用、方法处理上稍有差别。客家人在长期迁徙过程中，吸收了沿途的烹饪技艺，加上岭南一带的气候条件、地理环境、物产等与中原一带有较大的差异，为适应生存的需要，他们运用智慧、充分利用当地丰富的物产，在保留原有的中原饮食习俗和烹饪方法的基础上加以变通，创造出独具特色的风味食品。

梅州地处广东东北部，气温较低，水质寒凉，食用含脂肪丰富的食物可以补充体内热量，达到御寒的目的，为了减轻繁重体力劳动的空腹感，也要摄入含脂肪丰富的食物。客家人饮用的水多含矿物质，饮用后易“肚饿”，也需要脂肪丰富的菜肴来补充能量，因而形成了“重油”的风味特色。

客家擂茶：“承传汉唐茶道　崇正华夏茗风”（张汉秋提供）

另外，客家人为适应“逃亡”迁移的生活，制作出许多腌制、晾干的蔬菜类、肉类食物，以便于搬迁携带。这些干燥易保存的食物在制作时，香辣调料是不可少的，这就形成了客家菜“偏香”的特点。把客家制作的咸菜干（梅菜干）、萝卜干、笋干跟猪肉一起烹制，如梅菜扣肉，由于肉和干菜的味道互相渗透，可烹饪出绝妙的味道来。

从客家菜常用盐、姜、酒、大料、小料的调味品来看，客家菜保存了中州古味之特色。客家人生存在特殊的社会环境和地理环境之中，在饮食上颇注意养生之道，食疗食补的观念深入人心，“娘酒鸡”就是客家人智慧结晶的产物。①

（三）南国风情

虽然客家饮食与古代中原的饮食文化有着千丝万缕的联系，但并不能就此认为所有的客家菜都是客家先民从中原一路传承、直线发展下来的结果，事实上相当一部分客家菜是南北融合的产物。例如，客家人喜欢吃饺子，但南方不产小麦，客家人便因地制宜、就地取材，用木薯粉做“饺子皮”，用竹笋、香菇、豆干、猪肉等做馅料，发明出笋粄来替代饺子。笋粄酷似饺子而不同于饺子，正是客家人融合中原美食和南国特产的代表之作。

南迁路上，江淮地区也是客家人重要的中转站，当地的饮食习惯对客家菜的形成也造成了一定的影响。例如，清明粄是客家人在清明节前后制作的一种应节小吃，与江南的传统美食“青团”颇为相似。“古人寒食，采桐杨叶，染饭青色以祭，资阳气也。今变而为青白团子，乃此义也。”［见（明）郎瑛《七修类稿》］可见，清明粄和青团在文化内涵上旨趣相同。不仅如此，从外观、口感乃至制作原理上说，清明粄和青团也都大同小异，都是“捣青草为汁，和粉做粉团，色如碧玉”（清代杭州诗人袁枚语）。

要说有什么不同的话，则是：清明粄一般做成饼状，颜色相对暗些，而青团多为球形，色泽明亮；在口味上，清明粄一般只做成甜的，其甜度也不会非常高，而青团有甜的也有咸的。此外，青团有两种，一种用冬小麦的嫩芽经碱水处理而成，色泽青翠，比较美观，细品起来还能感受到一股隐约的石灰味道。另一种用艾草制成，虽然不甚美观，却软糯芳醇，格外甘甜。可以说，清明粄是客家人受到江南饮食文化的影响，结合岭南山区的生活环境和物产条件而制作出来的一种粄食。

但要说对客家饮食文化影响最大的，还是岭南的山山水水和同在

① 摘自《略述客家菜的传承与创新》，《中国烹饪》2004年总第393期，第58页。

南国蓝天下的畲、瑶、苗等少数民族兄弟以及汉族闽南、潮汕、广府等同胞。历史上，客家人定居粤闽赣山区的时间最迟。既然相互为邻，那就难免发生各种各样的关系。经过千百年的融合，客家饮食文化早已深深打上南方原住族群饮食文化的印记，形成“你中有我，我中有你”的格局。例如，广东客家人喜欢喝老火靓汤，喜欢喝早茶等习惯一定程度上就是受广府饮食文化影响的结果。一些客家人爱上吃蛇吃鼠，可能就与同少数民族的交流有密切关系。当然，客家饮食与其说是中原饮食文化与南方各族群饮食文化互相融合的产物，毋宁说是共同的自然禀赋、地理环境、气候条件以及经济生活在长时间的相互作用下合力造就的结果。

南国椒盐三坑鱼（御信客家王提供）

近代以来，不少客家人漂洋过海下南洋谋生，东南亚等外国的饮食习惯也给客家人的饮食文化造成了一定的影响。出国的客家人短则去几年，长则去几十年，甚至有的选择在南洋定居，成为华人。由于华侨华人以及“水客”的存在，不少东南亚的物产和饮食文化被带回了原乡，给传统的客家饮食文化带来一些变化。例如，今天的梅州客家人过年，除了馓子、煎丸、油角、芋丸等传统煎炸食品外，还喜欢吃一种叫“虾辣”（虾片）的食品。据说这种“虾辣”就是清末民初由印度尼西亚的华侨带回来的，至今客家人仍以印尼出产的虾片为正宗。当然，客家人从南洋带回来的饮食文化，也未必全都是东南亚诸国本土传统的东西，也有可能是把欧美的饮食文化带了回来，因为当时整个南洋都是欧美列强的殖民地。

（四）寓医于食

“医食同源、食药同用”是客家菜的另一大特色，也是客家饮食文化的重要理念，“寓医于食”是客家人在长期艰苦卓绝的生存环境下磨炼出来的一套本领。客家饮食的“寓医于食”主要体现在以下几个方面。

一是选料多为野生、家养、粗种的食物，即没有污染的“绿色食品”。旧时客家地区四面环山，与外界交通不便，在饮食制作方面只有就地取材，充分挖掘客家山区的固有饮食资源。用以入馔的副食品都是家养禽畜以及山间野生动植物资源，甚至生长在高山深谷、田间地头的野菜也成为客家饮食食材。食材的乡土性、天然性特色造就了客家菜“野、素、粗、杂”的风格，也赋予了客家菜养生保健的绿色功效。

二是烹调方法以“煮、煲、蒸、烩、炖”居多，既保持原有的香味，又使人口感舒适，还不会轻易破坏食物本身的营养价值和纤维组织。更为重要的是，蒸、煮、煲、炖等烹饪方法制作出来的食物更有益于人体健康。医学研究成果显示，晚期糖化终产物是正常新陈代谢的副产品，人体内晚期糖化终产物含量越少则寿命越长，未来人们可以通过减少体内晚期糖化终产物的含量来延长生命。人们可以通过减少高温烹饪食物及加工食品的摄入量来控制晚期糖化终产物的摄入，而减少晚期糖化终产物摄入的最佳食物烹饪方法就是煮、蒸或炖，而不是炒。因此，客家菜的烹饪方法蕴含着科学、健康的饮食理念。

三是客家菜注重养生保健，讲究效用，多用药材调理阴阳，且会根据时令增减食物品种。许多客家食品有着良好的食疗保健功能。如五叶神具有人参的功效而没有人参的副作用，能把低密度脂肪转变为高密度脂肪供人体使用；千斤拔补气固表；“牛乳树茎”有清热，滋阴降火，健脾开胃，益气生津，祛湿化滞，清肝润肺等作用。客家人又善于利用中药的食疗保健作用，在他们的日常生活中，许多客家人会选用药食配合普通食品而食用，如生地、土茯苓、生姜、山楂、淮山、芡实、杞子、天麻、红枣、百合、冬虫草等。客家人还把食物的功用主治与药物等同起来使用，如牛肉能补脾胃益气血，牛肉作用等同黄氏；鸡肉功用比作党参；狗肉功用比作红参等。客家人平日饮食注重营养全面、荤素相结合的观念非常确切，这与现代营养学观点一致。平衡膳食结构、注重药食功效保健，形成了客家文化的另一特色。这也反映出客家人在千百年的生活实践中，勤于探索养生之道，善于总结保健经验，注重利用自然潜藏的科学道理。

四是佐料简单，主料突出，以保持食材的原汁原味，极少添加甚至不加过重过浓的佐料。客家人做菜一般用食盐、生姜、熟蒜、白糖、老抽、生抽、陈醋等较为天然的调料，对味精、鸡粉等非天然的调味品多敬而远之。

五是凉茶和药膳品种丰富，在客家饮食中占有重要地位。旧时，客家地区缺医少药，不像现在这样具有完备的医疗卫生条件。老百姓平时有个头疼脑热什么的，基本上都只能靠自己想办法解决，而通常的解决办法就是上山采摘些中草药回来煲水喝。可以用来制作药茶的原料很多，举凡树叶、草根、树皮等都可做制茶原料。

很多老一辈的客家人虽然没怎么读过书，却对自然界的花花草草了如指掌，哪些植物有哪些药用价值，什么时候、哪种情况该用什么草药、怎么吃喝、量多少，他们从小就深谙其理。客家人喜欢将那些有药用价值的树叶、草根等在其生长的季节采集起来，洗净晒干，随时泡用。药茶品种很多，药用功效各异，在农村家庭较普遍饮用的药茶有：解毒的“金银花”、退热的“鱼腥草”、祛痧的“布惊仁茶”、消暑的“机子叶茶”、止泻的“萝卜苗茶”以及同时具有清热、祛滞、消炎、降血脂、减肥等多种功效的紫金特产“竹壳茶”等。

枇杷花炖龙骨（御信客家王提供）

有趣的是，这些用中草药煲成的药汤尽管都是热气腾腾的，也都必须趁热喝才能达到最佳效果，但一概被客家人称为“凉茶”。凉茶虽然有效，但病气已发，多少还是要承受一些痛楚。比起治疗，客家人更注重对疾病的预防，正所谓“养生之道，莫先于饮食”。所以在平时，客家人会因应季节时令食用各种各样的青菜或者准备不同的药膳汤。在客家人的餐桌上，不管是家庭用餐还是宾朋宴请，首先上的一道美食就是药膳汤。常见的有“牛乳树茎”、“生地土茯”、“枇杷花”、“鸡矢藤”、“溪黄草”、“红丝线”、“五指毛桃”、“黑蒜”等，这些根茎叶通常与猪骨、猪肉、鸡肉、鸭肉等家畜家禽的肉、骨搭配，有不少需要用老火熬制较长时间方能饮用。如前所述，这些药膳汤不仅甘醇美味，而且有很好的除湿消炎、提神解腻、护肝保肾等滋补养生的功效。

（五）多咸多烧

无论是盐焗鸡、酿豆腐还是狗肉煲，客家菜给人最大的味觉冲击就是“咸”。此外，客家人还喜欢咸菜、菜脯、梅菜等盐渍食品，客家擂茶有的地方也叫“咸茶”、“盐茶”。客家人之所以喜欢吃咸，除受经济条件限制所致外，主要是因为平时劳动强度太大，出汗多，吃咸一点才能保证盐分充足。菜做咸一点还有一个好处就是容易下饭，节省开支。然而，更好下饭的“辣”却不怎么受到客家人的喜欢。这是因为，岭南地区水土湿热，吃辣的东西很容易上火。一旦上火，就会出现头疼、喉咙痛、感冒、发烧、周身乏力等症状，短则数日，长则一个多星期才能好。考虑到这点，再美味诱人的辣菜端到客家人面前，恐怕他们都不敢下筷。不过，现在伴随物质条件的改善和人口流动的加快，很多客家人尤其是以 80 后、90 后为代表的年青一代也都逐渐接受甚至喜欢上了辣菜。现在梅州城区遍地开花的湘菜馆、川菜馆就是最好的证明。

除咸之外，客家菜给人的另一大感观就是“烧”。“烧”是客语中的一个形容词，意思是“热”。喜热忌冷也是客家菜的一大理念，所以客家菜中极少有冷盘。一个生动的例子就是客家人称“凉水”为“冷滚水”，言外之意是来自江河湖泊等自然界的凉水以及从水管流出的自来水不能直接饮用，必须在煮沸、冷却之后才能饮用。多数客家菜如腌面、“三及第”汤、捆粄、酿豆腐等美食都必须趁热吃，否则口感要大打折扣。这是因为，很多客家菜肴、小吃使用的都是猪油，猪油一旦冷却就容易凝固。再如客家人喜好的枸杞叶，如果煮好后不趁热吃，那么叶面就会泛黄发黑。从某种程度上说，“烧”在客家人看来意味着新鲜和健康。反之，进食冷的东西会让本来就湿热的身体更加寒冷，容易导致肠胃不适，所以客家人尤其严格限制小孩子吃生冷的东西。

咸菜炒肉碎（御信客家王提供）

（六）多熟多香

虽然局部地区如梅州五华、三明宁化等地流行吃鱼生，但从整体来看，客家人对生食尤其是生的鱼、肉类还是比较敬而远之的。除了个人体质、对果蔬本身的顾虑（主要是担心农药残留）外，生吃东西容易“屙痢肚”（腹泻）也是客家人根深蒂固的观念。此外，生的东西主要靠蘸酱料来调味，达不到客家人对香的要求，这也是客家人不太喜欢生食的一个原因。

客家菜做得香，与客家人大量使用猪油有关。与广府、潮州菜系相比，客家菜给人一个突出印象就是用油比较重，不避肥腻，而且客家人使用的多半是猪油。猪油是用猪板油、网油以及脂肪等加热融化而成的一种食用油脂。多数客家美食（如腌面）如果不用猪油的话是不好吃的，因为只有猪油在煮食的过程中才会释放出一种特殊的芳香，这是花生油、茶籽油等植物油无法做到的。客家人之所以吃得油腻，也和山区艰苦的生活环境、重体力的工作性质有关，只有摄入大量的脂肪才能保证足够的体力。

顺便一提，现代社会物质丰富，许多人都面临营养过剩的问题，大家都在强调健康饮食。在这个过程中，猪油成为不少人批评甚至闻之色变的对象，甚至一些餐馆饭店打出“本店绝不使用猪油，敬请放心”的告示。客家菜多用猪油，也被部分人诟病为不健康。其实，根据营养学家的研究，猪油并没有大家想象中的那样可怕，它和我们日常所食用的其他油脂并无多大差别，甚至比牛油健康，因为同样一汤匙的数量，牛油的胆固醇和饱和脂肪含量分别是10毫克和2.407毫克，而猪油则分别是4毫克和1.67毫克[①]。所以，大家应该用平常心对待猪油，毕竟，决定一个人健康的因素有很多，不能简单地将食用猪油与不健康画上等号。

客家焖猪肉（御信客家王提供）

① 陈记临、方晓岚编著：《追源·寻根客家菜》，香港：万里机构·饮食天地出版社2013年版，第110～111页。

（七）主肉多杂

客家菜给人的另一深刻印象就是“大鱼大肉”，所以主料突出也是客家菜的一大特点。客家人常吃的肉有猪肉、牛肉、鸡肉、鸭肉、鹅肉、鲩（草鱼）、雄头（鳙鱼）、河虾等。如果是家禽家畜的料理，追求块大、量多；如果是鱼肉料理，则一做就是一整条。在客家人的潜意识里，肉是贵菜，量越大越好。

除主料突出外，“杂”也是客家饮食的重要特色。所谓“杂”，一是指蔬菜、野菜的种类特别多，这与客家人靠山而居有着密不可分的关系。客家地区的野菜多，野果也多。“杂”的另一个含义是内脏，尤其是猪杂、牛杂、鸡杂特别受到客家人的喜爱，以杂为特色的菜品较多，全都讲究原汁原味。造成这些现象的一个原因，最初还是受经济条件的限制。旧时一般家庭想要美美地吃上一顿肉是件难事，好不容易宰杀了一头猪，那当然要“物尽其用”，除了肉之外，内脏也不能随随便便就扔掉。然而，内脏（比如猪大肠）的清洗本身就是一件让人头疼的事，更何况要想把它做得美味可口，更加不简单，而客家人的智慧就恰好体现在对这些“杂”的烹调上。虽然现代生活水平提高了，但客家人也没有轻易就放弃对“杂”的喜好，以“杂”闻名的客家菜比比皆是。

主料突出的客家菜肴（古嘉珊　摄）

七　文化食俗

孙中山在《建国方略》中高度评价中国的饮食文化："中国不独食品发明之多，烹调方法之美，为各国所不及。而中国人之饮食习尚暗合乎科学卫生，尤为各国一般人所望尘不及也。"客家菜可以说全方位体现了中国饮食文化"暗合乎科学卫生"理念的精髓。

梅州客家菜与客家文化一样源远流长，是人文与自然完美结合的精品，具有悠久的历史渊源，深厚的文化底蕴。梅州客家菜具有鲜明的地域、民俗、时令、养生的特点，清而不淡、鲜而不俗、嫩而不生、油而不腻。

（一）时令节气

农耕的社会属性造就了客家人崇尚自然、顺乎天时的饮食思维。

韭菜炒河虾（御信客家王提供）

韭菜炒河虾。春暖花开，万物复苏，阳气生发，客家自古以来就有清明吃河虾的传统，清明前后的河虾最是鲜甜肥美。河虾是一种含有多种维生素的高蛋白低脂肪的食品。其性温味甘，有补肾壮阳、通乳抗毒、化瘀解毒、益气滋阳、通络止痛、开胃化痰等功效。虾中含有丰富的镁元素，对心血管有很好的保健治疗作用，还能起到降低胆固醇的效果。

酿苦瓜。这是客家地区端午节的应节菜。粤东地区，夏季苦瓜刚刚应时。做法如下：将苦瓜去瓤，洗净，切成3厘米长的圆墩；五花肉捣成酱，加入盐等调料拌匀备用；将苦瓜墩空心填满肉馅，摆入盘内，入笼急火蒸熟，取出备用。炒锅注油烧热，下入葱姜末爆锅，加入鲜汤、盐、料酒烧开，用水淀粉勾芡，淋上熟油，浇在苦瓜上即成。夏天，客家人多用酿好的苦瓜来做苦瓜煲。

鸭子在客家人的印象中似乎不怎么好，上不了传统大席。但客家人一定会在秋日食子鸭。

子姜炒子鸭是粤东梅州客家人的秋日应节菜。做法如下：

①将子鸭迟好，煺毛，去内脏洗净，斩成小块。将子姜洗净刮皮，切成菱形小片。香葱切段。②将斩好的鸭用精盐、料酒腌制一下。③炒锅置旺火上烧热，加入大油，将油烧滚后，把鸭子倒入翻炒，然后把姜片、葱段入锅炒几下，放料酒、酱油、汤、味精再炒一会，勾芡盛入盘中即可。

赣南客家地区则流行赣南生焖鸭（其实就是子姜焖鸭）。每年入夏以后，便是子姜、仔鸭上市的季节，而生焖鸭的主要原料就是子姜、仔鸭。其做法是将鸭和姜切成小块，配以红辣椒、蒜仁、米酒、砂糖、酱油等炒焖而成。其特点是色泽金黄，皮香肉烂，鲜辣可口。这是赣州居民十分喜爱的一道时令菜肴。

生焖鸭（御信客家王提供）

蘸仔鸭是客家人闲不住的夏季美食。五到七月间是鸭仔上市的季节，在客家城乡随时可以品尝到这道鲜美的时菜。蘸仔鸭用嫩鸭作原料，以生姜、大蒜、醋、白糖、糯米酒作配料。将鸭宰杀，去除内脏，洗净、烫熟，用新鲜猪油涂抹一遍，切成长方形小块。然后蘸以姜油、金不换或蒜仁醋，风味独特。

（二）天人合一

客家传统饮食知识中的饮食习惯的季节性和“冷”、“热”的分类有着“天人合一”的思想。

在客家传统饮食观念中，要维持人体机能内在的均衡最主要的是要注意“冷”和“热”的协调，这主要表现在客家食物、药物和补品的调理上。具体而言：

一是饮食习惯具有很强的“时间性”，保留了许多岁时节日食品。客都梅州山清水秀、空气新鲜，八个直辖区中有三个被评选为“中国长寿之乡”，这也证明梅州人的生活环境良好，人均健康指数比较高。这与民众的饮食习惯密不可分，因为客家人认为一个人的健康主要是靠吃出来的。客家人将自己在实践中摸索出来的一套饮食经验精炼成一句句诙谐押韵、脍炙人口的俗语，如“冬食萝卜夏食姜，毋劳先生开药方”，教导人们饮食要分季节，“暗晡食生姜，当过食砒霜”，则警示人们即便是好的食物，吃的时间不对也可能适得其反，甚至危及性命。客家人因应不同的季节制作不同的食物，如天穿节做甜粄、清明节做清明粄、端午节做艾粄（做法与清明粄类似）等。客家地区之所以在每年的清明、端午时节保留这种食俗，是因为清明、端午所在的农历四、五月在以前是瘴疠最为盛行的两个月份，被客家人称为“恶月”，期间人很容易患上各种疾病。客家人根据长年的生产、生活经验形成了通过进食青草药粄来防治百病的风俗。同样，客家地区还有“冬至羊，夏至狗”的说法，夏至吃狗肉、冬至吃羊肉的习惯也是客家人根据季节的变换来达到摄取营养、均衡人体机能的一种手段。

二是食物中严格的“冷”、“热”观念。客家传统观念中一向以阴阳对立的模型来判断个体的存在是冷的还是热的，如果是冷的就多吃热的食物去平衡它，反之则多吃冷性食物；如果身体出现过热的现象，则应服用去热的冷性食物或药物，反之亦然。冬天气候冷，因而要多食用热性食物以补充之；夏天气候热，则应多食用凉性食物，以维持冷热的均衡。这一冷热调和观念反映出客家人对食物的“冷”、“热”属性有着非常严格的分类。以梅州为例，除公立的医院、药材公司外，各种大大小小的私人药店、诊所在街上随处可见，这些药店很大程度上行使的并非治病功能，更重要的是保健功能。比如婴幼儿的保健：如果小孩生痱子，药店便可以给顾客开金银花用来煮水，给小孩洗澡，便可去痱；如果婴儿夜晚睡眠不好，药店则可介绍用麦冬炖猪肉。再如有关去湿热问题，药店往往有各种方法予以解决。

奇异果金银百合（大埔瑞锦酒店提供）

（三）文化象征

客家饮食不仅从生理上满足人的嗅觉、味觉等需要，其享用过程也是居住在山区的客家人不畏困苦险阻，勇于开拓进取的奋斗精神的体现，反映客家人对未来美好生活的向往和憧憬，具有丰富的文化内涵。

1. 求吉心理

客家人往往通过菜肴（颜色、样式、命名、故事等）来寄托自己对未来美好幸福生活的向往和憧憬，尤其是客家菜的命名具有丰富的文化蕴含。如客家人称“钵粄”为“发粄”，“瘦肉、猪肝、猪粉肠”为“三及第”等都充分反映了客家人求吉求顺的心理。称猪血为猪红、猪舌头为猪利，则是客家人从语言禁忌方面表现出来的求吉、求富心理。摒弃“血光之灾”、“蚀本买卖”，而祈求红红顺顺，利利是是，则生动地流露了生活在崇山峻岭、“化外之地”的客家人对祥和、富庶的追求。

又如，大年初一，客家地区不吃荤菜，多数吃咸菜、粉丝、青菜、白豆腐，煮菜不用猪油，素称“食斋（灾）”。这一食俗则反映了传统社会生活在山高水冷、地瘠民贫、灾害频仍的岭南山区的客家人，由于长期饱受天灾人祸的困苦，而表现出对平安的渴望与憧憬。

在众多客菜食材中，最为“吉利”的当属鸡。所谓“无鸡不成宴”。客家人不论家庭贫富，逢年过节，大小宴席，鸡总是餐桌上不可缺少的菜肴。其中原因当然与鸡是客家人最多饲养的一类家禽有关，但更重要的是鸡象征凤凰。“百鸟朝凤”说的是凤为百鸟之王，为祥瑞之鸟，客家人把凤冠、彩羽、金尾的鸡视为心目中的“凤凰”，所以客家地区有一道名菜“龙凤汤”，其中的“凤”就是鸡，足见鸡在客家人心目中的重要地位。来到客家地区可以发现，以鸡为主题的饮食文化十分醒目，客家人对鸡的文化阐释发挥得淋漓尽致。拜神祭祖，鸡为三牲（鸡、猪、鱼）之首；传统社会乡民馈赠物品，鸡是最为尊贵的礼物；招待客人，请吃鸡肶（鸡腿）为最高礼遇。

男女结婚，鸡更是不可或缺的。迎亲时，男方除送鱼、猪肉外，还要送一只大红公鸡和一只未生蛋的母鸡给女方。女方家把公鸡宰来做“轿下酒”，宴请亲戚朋友，母鸡则随新娘出嫁时带回男家，俗称“带路鸡”。新娘轿至男家，要举行宴轿礼仪，启轿门事，杀一只雄鸡，礼生将鸡血滴地绕轿一周，曰“斩煞驱邪”。新郎新娘举行合卺礼喝交杯酒时，要共吃一只鸡肶、一只红蛋，喻为“同心同德”。

新婚后的第一个春节，小夫妻回娘家，俗称“新上门”，岳父岳母家需置办酒席，女婿要坐上座，吃鸡肶。接着由族内至亲轮流宴请，每餐必吃鸡肶。当然，新上门时，对岳父岳母家及至亲叔伯也要送上鸡和其他礼物。回家时，娘家会回赠一只小公鸡和一只未生蛋的小母鸡，给小夫妻带回去繁育小鸡，称为“公婆鸡”。

如第四部分介绍，客家妇女从怀孕开始，就要准备坐月子吃的鸡。小孩一降生，先宰一只老雄鸡，用姜和娘酒炒“娘酒鸡”（又称姜酒鸡）给产妇吃，月子期间，产妇每天以姜酒煮大阉鸡为主食。

客家地区男人60岁之后逢十，女人61岁后逢十一均可摆酒设宴做寿。祝寿人除买衣物、酒果等寿礼外，一定要送上一只大阉鸡，以示敬重。酒宴中，要斩一只大鸡肶，煮得香香烂烂，给寿星享用，以示庆贺。

此外，客家人建房开工、安门、上梁、出煞、乔迁，还有老人去世等红白喜事的许多环节也都要用鸡、宰鸡、吃鸡。

现在客家人的日常生活中吃鸡习俗大多仍在沿袭，并且随着时代的发展，吃法也日渐多样化，白切鸡、姜酒鸡、炖鸡、炒鸡、蒸盐鸡、盐焗鸡、葱油鸡、五指毛桃鸡、猪肚煲鸡等等都是人们餐桌上的美食。

猪肚鸡（张煊、李宁　摄）

2. 做人之道

小炒是客家地区的一道流传广泛的家常菜，其中尤以台湾和五华横陂、河源龙川一带最为流行，其主要原料是鱿鱼、豆腐干、香芹、猪肉、木耳等。这道菜制作简单，油锅烧热，将猪肉、鱿鱼、豆腐及笋干、香菇、木耳等配料全部切成细丝状或丁状，倒入锅中翻炒，加入食盐、酱油、料酒，调味而成。整道菜给人的感觉就是“大杂烩”。试想山区的客家人生活何其不易，祭祀带回家的猪肉、鱿鱼以及家中自家田地山林出产的笋干、香菇、木耳等物，经过客家妇女灵巧的双手精心烹制，且美名曰“客家小炒”，既不浪费，又不失体面，一道简单的菜肴告诉世人：勤俭才是持家之道、做人之德。

客家大盆菜亦然。大盆菜主要流行于香港客家地区，一个盆菜一般分三层，味浓多汁的食物放上层，淡味食物放下层吸味。底层以最“吸味”的食物为主，如猪皮、萝卜、蔬菜，中层是冬菇、扣肉、鲮鱼肉等，上层则放鸡、鸭、鹅或海鲜等较贵的食材。

客家大盆菜的起源，实际上是历史上客家人将家中剩余食物混在一起加工制作，解决家庭果腹需要的结果。主观的无奈，成就了大盆菜的“创造”，当然，今天香港地区流行的精美大盆菜是现代社会对传统饮食的“升级换代”。不过，客家大盆菜的理念却是客家人勤俭思想的典型反映。

3. 生育寓含

客家人的婚礼中有新婚夫妇吃鸡腿的习俗。而且，这两只鸡腿必须是同一只母鸡身上的，隐喻着两人今后永不分离，吃了母鸡的腿可以顺顺利利生个胖小子。南康平田乡新嫁娘脖子上挂“四子项链”，即由枣子、花生、桂子、荔枝四种果子串成的珠环，按每种果子名称取义为“早、生、贵、子”。

在闽西客家地区，婚嫁行交拜礼时新人床上要放四个柚子，上贴双喜字，“柚子”与“有子”谐音。

客家地区出嫁的女儿怀孕快分娩之际，一般是婴儿出生前一二十天，娘家要带着鸡、鸡蛋、面条、粉干等来到女儿家“催生”，有预祝平安出生之意。如母亲已不在，则由嫂子去催生，男方家中午要设宴招待。

在粤东客家地区，新婚妇女怀孕以后，其娘家要送一条鲩鱼，以表示祈愿其女儿生育平安顺利之意。鲩鱼，即草鱼，体滑多鳞。“鲩鱼—孕妇—生育”，乃一隐喻象征关系，隐示孕妇生育像鲩鱼一样顺滑、畅利。另外，客家话称妇女生育为“分娩”、“轻”或“落”等，而且客家方言将“分娩”读成“分晚”，因此给孕妇送鲩鱼这一客家民俗又具有谐音象征（即“晚”谐音“鲩”）的含义。

4. 崇本报先

“百善孝为先”。孝道观念是中国人尤其是客家地区最为重视的一种社会道德。《礼记·经解》：“乡饮酒礼者，所以明长幼之序也。”饮食“尚齿”成为中国饮食礼俗遵循的基本原则。

客家人对祖先的敬畏表现在除夕祭祖、清明扫墓的祭祀活动中，一般是在饮食前举行祭祀活动，然后进食，所谓“示有所先”（《淮南子·说山训》）。客家人设筵用八仙方桌，座位按照辈分排序。客家俗规，吃饭时，老人座位面向大门，以示尊重，成年人次之，坐在两旁，

小孩只能坐在对着老人的那一面的座位。如果家里人太多，男的坐一桌，女的坐一桌。席间礼规繁多，吃鸡以鸡头敬老，上座留空位于已故先祖，以示敬礼，席间小辈给长辈敬菜敬酒，小孩帮老人添饭时，接碗、递碗必须是双手伺候。老人讲话，小孩不能随便插嘴，或在旁喧闹。

（1）文山鸡丁与敬老习俗。

文山鸡丁是赣南客家名菜。做法如下：将鸡脯肉切丁状，红辣椒干、葱亦切丁状；. 鸡丁加盐和蛋清适量，用手抓匀，然后放入淀粉勾芡；锅上火烧热，倒油烧至五成热，放入浆好的鸡丁，划散蛋白，盛起沥油；锅中留底油，放入红干辣椒丁炸成紫红色，随即加入笋丁、葱片、汤料，稍加搅拌，放料酒、精盐、味精和淀粉，勾芡，然后把过好油的鸡丁倒入颠翻两下，淋香油即成。相传此菜乃文天祥任赣州知州时为71岁以上的老人举办的一次大规模的敬老宴而作。整道菜主要由鸡、笋、红辣椒制作而成，外观色泽红艳，味美爽滑，鲜嫩可口，深受老人们的喜爱，后流传于世。客家人为纪念文天祥的这一举动，将该菜定名为文山鸡丁，以示年轻人要养成尊老、敬老的美德。

（2）挟食习俗。

在粤东兴（宁）梅（县）一带，凡喜庆宴请，席间有不少妇人男孩将自己舍不得吃的佳肴挟在预先准备好的盛器里，以便带回家去给亲人长辈吃，这种习俗谓之“挟食”。为什么会有这种风俗呢？据说古时候，有个女子叫小凤，她嫁到西村，过门不久丈夫和公公相继去世，家境贫寒，婆媳相依为命。有次村里朱富伯大寿，要小凤去帮厨，席间小凤看见丰盛的佳肴舍不得吃，只喝些汤，把肉挟在空碗里，想在散席后带回去给婆婆吃。不料走到家门口，一个趔趄，一碗菜全倒掉了。小凤难过至极，婆婆连忙劝说：没关系，把肉拾起来洗净煮热再吃就是了。有一天，雷电交加，小凤以为给婆婆吃了“倒地肉”，雷公要打她，在家遭雷打会殃及婆婆，于是冲出村外的古树下等候雷公劈。婆婆得知，连忙追去，只见“轰隆”一声，大树倒地，小凤却躺在银堆上。婆婆叫醒小凤，惊喜交集，说不出话来。自此，小凤过上了幸福的日子，并不时接济邻居，于是“挟食”习俗蔚然成风。这一习俗鲜明地体现了客家人崇祖尊老的儒家传统。

毋庸置疑，客家人古朴的敬老饮食习俗，反映了客家人尊老爱幼、

善良朴实的优秀传统美德。

5. 鸡胗旺丁

鸡胗就是鸡的胃脏，即鸡肫。禽类的胃分为肌胃和腺胃，腺胃较小，分泌胃液，肌胃较大且肉质较厚，负责储存和磨碎食物，胗是指肌胃。鸡胗是帮助鸡进行消化的，由于鸡没有牙齿，吞食的小石子都要通过鸡胗储存和消化。鸡胗味甘性平，入脾胃膀胱经，具有健胃消食，化积排石，固摄缩尿等作用。据《本草纲目》记载，鸡胗有“消食导滞”，帮助消化的作用。现代营养学认为，鸡胗具有强肾补铁的营养功能。

正是基于鸡胗的上述功能，客家人对鸡胗尤为珍爱，视其为宗族兴旺发达的“圣物”，并赋予其许多的传奇与神秘。

客家人笃信风水，认为一个家族的兴盛根源于家族的开基立业寻求到了好风水，好风水的获取，则是因为主人以鸡胗（客家话“鸡轻”、“鸡信”）招待风水先生，风水先生于是以好风水回报。

丰顺留隍九河郑氏宗族伯霖公的风水传说：

刘姓风水先生在凤凰山发现风水宝地，一日路过九河，承郑家伯霖婆盛情款待十日，每天不但好酒好菜，而且还杀一只鸡招待，但是每天的鸡有肉无鸡胗。风水先生心中暗自不悦，辞行之日伯霖婆付以一包袱，途中风水先生打开发现包里有十个鸡肾，十天所杀的鸡的鸡肾一个不少，风水先生顿时感动不已，心想老夫人心肠这般善良，便将这口风水送与郑家，此后伯霖婆传下7子108孙，郑氏宗族迅速崛起，成为当地望族。

梅县桃尧卢氏宗族开基传说：

卢姓7世祖文浩公一日傍晚遇到一位地理先生问路，延至家中，夫人杨氏杀鸡招待，并留宿一晚。次日吃过早饭后，文浩公将地理先生送至村口，临别前杨氏婆太将一个包裹交给地理先生，嘱咐地理先生为中午充饥之物。中午时分地理先生感到饥肠辘辘，将包裹打开，只见里面装着一些农家自用的米粄和一小瓶米酒，另外就是昨晚那只鸡的鸡信。地理先生很是感动，将附近一风水宝地送与文浩公，后来文浩公育有三子，此后家业兴旺，成为当地大族。

类似传说在客家地区的流传俯拾皆是。粤东客家乡村契约中把佃户必须向田主交纳鸡信钱明文写入契约中，充分说明了鸡信对于客家宗族的繁衍的文化象征意义。

以下这张梅县桃尧田契可以说明之：

立赁佃人沈子龙今来白手赁到淡园张公有水尝田壹处，土名大坑石灰窑前中间大丘下节壹节搭上丘壹丘、鹿家窝大小共五丘、河唇石角里大小共五丘、蛇头塘面下共二丘、又石头面上壹连共五丘、又塘壹口，系与带生侄孙共分灌溉，共计正租三斗陆升正。沈子龙前来白手赁耕，并无田皮、粪质、防（房）租。亦无上下退手等项。每年实纳风过干精（净）租谷斌斗三石陆斗正。其谷早季二石二斗，冬季壹石四斗正。每年冬季飨壹席。其谷送至凹上带生侄孙屋内风过交收，不得少欠升合，不拘年限，任从田主另招别耕佃人，不得异言阻抗，恐口无凭，立赁字为照。即日批明每年实纳风过干精（净）租谷斌斗三石陆斗正。其谷早季二石二斗，冬季壹石四斗正。立批。又批其田不得藏匿丘数，有力赁耕，无力交回。其田至壬申年冬满赁，若要取回自耕或租谷不清，另招别佃，赁人不得阻抗。又批每年鸡信钱一百文正。其钱限冬季收谷之日一足交清。立批。又批明鹿家窝之田原系五丘，现开作二丘。

的笔孙宏
见赁侄孙万英
嘉庆十二年丁卯岁十二月初十日立　沈子龙

契约中租佃人除了要交纳一定量的租谷外，还需承担一些附加义务，如冬季为收租人提供一顿酒饭；再就是每年还需交给田主鸡信钱一百文。

余　论

将“自然”、“文化”、“生物”、“农业”这几个词翻译成英文的话分别是“nature”、“culture”、“creature”和“agriculture”。以英语的思维考虑，相同的后缀提示我们，这几个单词之间似乎存在着某种联系。

首先，人类作为一种生物，和普通的动物一样，每天都要直接或间接地向自然界索取食物，通过饮食来摄取营养、获得能量，从而维持生命、繁衍后代。人类获取食物的方法有很多，如采摘丛林中的野果、野菜，或者猎杀野禽、野兽。然而，这些相对原始的行为以及相关的一些“技巧”在很多动物身上也能看到，并无特别之处。人与动物之间的一大区别在于人类不会将获取的食物全都生吞活剥，并且只有人类懂得如何将“野生的”东西变成“家养的”，不会把食物来源局限在采摘、打猎或者捕捞上。这个从“野”到“家”的过程，就是“农业”的诞生，同时也是“文化”的发明。实际上，“culture”（文化）源于拉丁语“cultura”，其本意正是农业生产。

既然提到农业生产，则不得不说“栽培”。耐人寻味的是，无论是英语还是汉语，“栽培”一词都同时包括“自然”和“文化”的双重含义。如英文“cultivated”既表示作物“被培植”，又可以形容人“有教养”；汉语“十年树木，百年树人”的“树”也是同样意思。可见，东西方社会对文化的理解都是从农业开始的，而农业又从自然发展而来，自然是哺育亿万生物的母体——这应该就是它们之间潜在的联系了。

人类栽培植物也好，驯养动物也罢，都是为了保证常年有充足而安全的食物来源。说到“吃”，碰巧的是，本书的主题“饮食”（cuisine）与“文化”（culture）在英文拼写上高度相似——都是7个字母，而且前面2个与最后1个完全相同。这说明，饮食本身就是最大的文化，正所谓“国以农为本，民以食为天”——对老百姓来说，有什么能比天大呢？

实际上，“天”是客家人最常挂在嘴边的参照物，无论什么样的形容词都可以和“天”联系在一起——“天恁靓”、“天恁俚”、“天恁香”、“天恁臭”、“天恁咸”、“天恁淡”……乍一听，可能会觉得客家人的思维有点不可思议，但细一想，又不难明白其中道理——天空浩瀚，包罗万象，有阴也有晴；人生漫长，跌宕起伏，有苦也有甜。因而，不管好的坏的、酸甜苦辣咸，全都无法无“天”。老百姓既然“以食为天”，那么“食”（饮食文化）无疑就是人间最大的一片天了。

说了这么多，究竟何为“文化”？这个问题，古往今来众说纷纭、莫衷一是。然就本质而言，文化无非是人类适应自然的手段。它是一个动态的概念，伴随内外环境和条件的改变而改变。

从“一分为二”的观点看，文化由“软”、“硬”两部分构成。以客家文化为例：“软”的如语言，被誉为“古汉语活化石”的客家话向来是客家人的骄傲，不少家庭以“宁卖祖宗田，毋忘祖宗言”为祖训。然而，现在客语的传承与使用情况却不容乐观。“硬”的如古民居，今时今日，依然乐意在围龙屋或土楼居住的客家人越来越少，稍有条件的，大都希望另起砖瓦房或搬到城镇里去住电梯洋房。可以说，在一波又一波现代化、城镇化浪潮的冲击下，昔日只有名门望族、大户人家才住得起的豪宅走到今天已然成为历史的遗物和贫苦的象征，似乎除了在促进历史人文研究和地方旅游经济发展方面还有所价值体现外，其他方面的贡献少之又少。对于这些变化本身我们不应该给予过多的价值判断，毕竟仁者见仁、智者见智。但这些现象至少反映出一个事实，那就是客家人的生活环境正在发生或者已经发生了翻天覆地的变化。

环境的变化势必带来文化的改变。语言、建筑如此，饮食亦不例外。应该说，客家的传统文化属于典型的农耕文明，客家人的饮食习惯深受农耕时代的影响。农耕社会的特征是：交通不便、生活相对封闭、人均收入低下、自给自足、老百姓缺衣少食、缺医少药。对从相对富庶的北方辗转迁徙到“南蛮之地”的客家先民来说，除了面对陌生而险恶的自然环境、多变的气候条件之外，还要想方设法处理好与原住族群的关系。

就是在这样艰苦卓绝的条件下，客家人发明出了一套与当时当地

的环境相适宜的饮食文化，并世代传承下来。时至今日，弥漫在客家山区的浓浓瘴气多已不见踪影，代之以袅袅炊烟；曾经剑拔弩张的土客关系，也早已为历史的尘沙所湮没，代之以和谐共处的温馨格局。客家人走出大山、远渡重洋，早在几百年前就已经不是什么新鲜事。毕竟，客家本来就是一个不断迁徙、走向世界的族群。但与此同时，我们也应当看到，大部分客家人没有离开粤闽赣三省交界处这个母体社会，所以许多沿袭自古代的饮食习惯依然得到较为完好的保留。

20 世纪 80 年代以后，随着国家改革开放的深入发展，全球化、城镇化浪潮的推进以及人口移动的频密化，客家人的饮食习惯也在悄然之间发生了各种变化。食材日益丰富、烹饪手段和方法不断翻新，外来饮食文化所占的比重越来越大，影响也越来越深。越是年轻一代，其接受外来饮食文化的程度就越高。

具体而言，新时代客家菜的变化，主要体现在以下三个方面：

首先是“减盐少油”成为趋势。过去客家菜多盐多油，是因为人们日常体力消耗较大，需要通过进食大量油盐来获取平衡。特别是一般人只有在逢年过节的时候才有机会大快朵颐，所以菜再咸、肉再多、再油腻也无所谓。然而，对现代人尤其是都市的上班一族来说，不要说高强度的劳动，平日里就是连走路、散步的时间都越来越少，在这样的环境下如果仍旧摄入大量油盐肉类的话，势必给健康造成不良影响。虽然猪油并没有大家想象的那样不健康，但是使用植物油（主要是山茶油和花生油）替代猪油制作的客家菜还是明显增多的。

其次是制作方法的改良。这个与现代化设备的引进与推广有关。传统的客家菜基本上都是靠手工完成，用的也是较为原始的厨具，制作成本较高。例如，传统的盐焗鸡制作费力大、费时长、产量低，越来越难满足现代人尤其是旅游市场的需求。如何在保证原有风味的前提下，尽可能地缩短制作时间、满足更多人的需求呢？经过客家菜厨师们的详细考察，一个崭新的办法就是：先将鸡按照客家咸鸡的做法涂抹上盐，然后放入汤水中浸至五成熟，再用抽湿机抽湿风干。加热和焗制则利用一种加盖后可自动翻转的锅进行，这样不仅可以使盐快速达到预热温度，还可以一次性放入一两百只鸡。原本需要焗热 45 分钟左右的鸡，经预制加工、初步熟处理后，只需 15 分钟便可完成，足足节省了半小时的时间。这种新式做法，不仅快捷、量大，而且在风味上、口感上与传统做法无异，受到越来越多的中高档餐馆、酒楼的推崇。

再次是走向高端市场。历史上客家人因为所处生活环境和工作性质的关系，偏好浓肥、咸香的口味，所食用的多半是家禽家畜的肉和农家菜。所以长期以来，很多人对客家菜的印象也都停留于此，更有甚者认为客家菜就是“乡村菜”、“农家乐”，觉得客家菜形粗、量大，欠缺精雕细琢，难登大雅之堂。然而，一道菜给人感觉雅致、高级与否，一定程度上也取决于所选用的食材、餐具以及用餐环境等“料理”之外的因素。随着人们经济能力的提升和各种软硬件设施的改善，客家菜所用食材日渐丰盛，制作料理的工具和用餐环境也都发生了翻天覆地的变化。为适应更加高端的市场需求，许多厨艺师结合现代餐饮和养生理念，在传承传统的基础上对客家菜进行改良和创新，不断提升菜品的观赏性，同时兼顾客菜特色，保证营养价值。以萝卜丸为例，传统的制作方法是将白萝卜刨成细丝状，经研制和汆水后，加入香菇、猪肉、虾米、鱿鱼丝等馅料并混入木薯粉，再揉搓成丸子蒸熟即可。有人便对传统的制作方法进行改良，用崭新的方式呈现。具体而言，就是将萝卜丝切成长条状，卷成螺旋形后放入蒸笼里蒸。因为在选料、观赏性方面比较讲究，给食客带来高级的、耳目一新的感觉。

总而言之，包括客家人在内，现代人对客家菜已不再满足于简单地继承传统，而是想方设法对其进行全面的总结和思考，研究如何更好地创新与推广。2012 年 6 月，在有识之士的不懈努力和政府的大力支持下，“中国客家菜研发培训基地”终于在梅州市农业学校正式挂牌成立。该基地的成立，可以说是客家厨人与时俱进、奋发向上的精神写照，同时也是客家菜传承与发展历史上的一座新的里程碑。

中国客家菜研发培训基地（罗鑫　摄）

参考文献

1. 陈记临、方晓岚编著：《追源·寻根客家菜》，香港：万里机构·饮食天地出版社2013年版。

2. 程金生、邹浩元编：《客家养生药膳》，北京：中国医药科技出版社2014年版。

3. 崔岱远：《吃货辞典》，北京：商务印书馆2014年版。

4. 黎章春：《客家饮食文化研究》，哈尔滨：黑龙江人民出版社2008年版。

5. 刘晓春、胡希张、温萍：《客家山歌》，杭州：浙江人民出版社2007年版。

6. 黄敏主编：《中国茶品鉴速查全书》，北京：北京联合出版公司2014年版。

7. （清）黄香铁：《石窟一征》（点注本），梅州：广东省蕉岭县地方志编纂委员会2007年版。

8. ［日］河合利光编著：《向世界学习饮食——国际化视野下的饮食文化比较论》，东京：时潮社2011年版。

9. 彭兆荣：《饮食人类学》，北京：北京大学出版社2013年版。

10. 王增能：《客家饮食文化》，厦门：福建教育出版社1995年版。

11. 程志远、王洁玉、林子雄、谢维怀整理：（乾隆）《嘉应州志》（1750），广州：广东省中山图书馆古籍部1991年版。

12. （光绪）《嘉应州志》。

后　记

因工作关系，我从异乡来到梅州，工作与生活了十几年，一直在客家文化浩瀚的海洋中游走，接触了纷繁复杂的客家文化，或建筑，或风俗，或宗教，或制度，或人物，不一而足。客家文化研究者的身份总是被人赋予“客家通”的角色，因此在“人来人往”的日常生活中，我成为寻觅梅州客地的山水田园、民情风俗、美味佳肴的引路人。这一“过程”也增进了我对客家文化的掌握，其间客家饮食更因自己的性格显得尤为熟悉。然而也许是过于司空见惯，又或是个人研究的爱好所致，就客家饮食而言，一直未有片言只语所及，所幸源于广东省委宣传部组织编写客家文化丛书，受暨南大学出版社所托撰写客家饮食部分，因此本书得以付梓。

值得强调的是，本书并非单纯介绍客家食材、教人如何做菜的烹饪指南。我们所期待的，是站在历史以及文化的角度，对客家饮食的今昔作较为生动的介绍与文化解读。

在编写分工方面，全书的统稿工作以及“导论”、第二部分、第七部分的撰写主要由本人负责，第四部分、第六部分由本人和罗鑫两人共同执笔完成，第一部分、第三部分、第五部分和“余论”的撰写以及全书图片的搜集、整理和编排则主要由罗鑫负责。

本书的问世，要感谢丛书主编嘉应学院邱国锋校长、同校文学院曾令存院长的关心与指导，同时也要感谢暨南大学出版社总编辑史小军教授、李艺主任的帮助以及责任编辑黄球女士等的辛勤付出，更要对积极慷慨地向我们提供帮助的梅州市尚记食品有限公司、围龙屋星园酒家、大埔县瑞锦酒店、“瑞园”、御信客家王、生辉餐馆以及负责拍摄美食照片的李焜、陈航、冯斌、张煊等几位嘉大学子表示由衷的感谢。

由于编写时间十分仓促，加上笔者水平有限，本书错漏之处在所难免，还望读者海涵并不吝赐教。

宋德剑

2015 年 4 月于嘉应学院客家研究院